10分钟全家营养早餐

养生堂专家组 主编

中国轻工业出版社 | 全国百佳图书出版单位

图书在版编目（CIP）数据

10分钟全家营养早餐 / 养生堂专家组主编.—北京：中国轻工业出版社，2018.9

ISBN 978-7-5184-0034-8

Ⅰ.①1··· Ⅱ.①养··· Ⅲ.① 保健—食谱 Ⅳ.①TS972.161

中国版本图书馆CIP数据核字（2014）第256829号

责任编辑：秦　功　　巴丽华
责任终审：劳国强　　封面设计：丫丫书装·张亚群
版式设计：方方设计　责任校对：晋　洁　　　责任监印：马金路

出版发行：中国轻工业出版社（北京东长安街6号，邮编：100740）

印　　刷：北京博海升彩色印刷有限公司

经　　销：各地新华书店

版　　次：2018年9月第1版第8次印刷

开　　本：720×1000　1/16　印张：14

字　　数：240千字

书　　号：ISBN 978-7-5184-0034-8　定价：39.80元

邮购电话：010-65241695

发行电话：010-85119835　传真：85113293

网　　址：http://www.chlip.com.cn

Email:club@chlip.com.cn

如发现图书残缺请与我社邮购联系调换

181069S1C108ZBW

　　早餐的重要性人人皆知，只不过现代人由于忙碌，总找各种理由，不能静下心来为自己亲手做一顿营养又丰盛的早餐。其实，只要有一颗关爱自己、关爱家人的心，只要掌握方法，合理搭配，快速做好一顿美味又营养的早饭并不难。

　　本书主打"10分钟"理念，为读者推荐数百道快速又营养的早餐，并推荐相应的配餐。本书分为中式田园风早餐、西式营养早餐、特殊人群的早餐，还根据不同人群（三高患者、老人、孕妇、孩子、素食者、瘦身者等）分别制定了切合读者身体特点和需求的早餐计划。此外，还有适合各个季节食用的营养早餐。本书的宗旨是让早餐吃得营养又科学。

　　本书内容详细，实用性、操作性非常强，不仅对食材的购买、清洗到准备过程都进行了详细的介绍，还按照时间顺序，从周一到周日每天推荐一套早餐，读者朋友可以根据自己的需要进行搭配、组合，每天变着花样吃早餐；特殊人群的早餐还针对不同群体的读者推荐了更适合身体需要和营养需求的早餐。

　　书中的食材在菜市场或超市都很容易买到。

◆所选主料清洗极其容易。

◆配料超简单，大部分菜只用油、盐就能搞定。

◆不需要刀工、不考验厨艺。

◆厨具一点儿不复杂，普通电锅、炒锅就能做出绝佳美味。

◆每份早餐平均只需10分钟左右就能搞定，早上起床后准备也完全来得及！

◆大多数菜，三步就搞定！

　　花样百出、美味诱人的早餐，只用10分钟、三小步就完成！现在就做份美味早餐，开始照顾自己和家人吧！

目录 Contents

第一章　中式田园风早餐

第二章　西式营养早餐

第三章　特殊人群早餐

第四章　家庭四季营养早餐

夏季消暑早餐

夏季消暑早餐怎么吃
一周采买食材清单

秋季去燥早餐

秋季去燥早餐怎么吃
一周采买食材清单

冬季养生早餐

冬季养生早餐怎么吃
一周采买食材清单

第一章
中式田园风早餐

中式早餐怎么吃

肉、蛋——为一天提供优质营养

早餐吃一些富含蛋白质的食物，可以放慢能量释放速度，使我们的血糖一直保持在较高的水平，可以精力充沛一整天。蛋类与肉类富含优质蛋白质。蛋类中的蛋白质含量约为12.8%，以鸡蛋为例，鸡蛋蛋白质含有人体所需的各种氨基酸，且氨基酸组成与合成人体组织蛋白所需模式相近，易消化吸收，是最理想的优质蛋白质。

肉类食品包括禽肉、畜肉、内脏及其制品，也富含优质蛋白质，因其所含的八种必需氨基酸的含量和比例均接近人体需要，吸收利用率高。

蔬菜——为身体提供充足维生素

蔬菜可提供人体必需的多种维生素和矿物质。早餐新鲜蔬菜的摄入量每人最好保证在100克以上。有蔬菜的早餐可以使膳食食物数量增加而热量不增加，这样不仅餐后血糖升高缓慢而持久，能保证整个上午的工作效率，还不会因为食物的能量过少而很快饥饿，同时蔬菜中所含的充足维生素能保证胃肠道畅通。

清粥小菜——清淡可口

以清粥小菜为早餐，是一天健康饮食的好开端。清粥小菜油脂不高，清淡可口，百吃不厌。可以搭配一个荷包蛋或是一份瘦肉，素食者则可选择吃一块豆腐或豆干、素鸡等豆类制品，以保证摄取充足的蛋白质。

一周采买食材清单

一周早餐最佳搭配

周一早餐	西葫芦蛋饼+大米绿豆粥+芹菜拌豆干+卤鸡蛋
周二早餐	家常面片汤+腐竹拌双丝+酱牛肉
周三早餐	五色粥+奶香玉米饼+凉拌豇豆
周四早餐	芝麻烧饼+黄豆海带棒骨汤+芹菜拌花生仁
周五早餐	馒头+红薯粥+西芹虾仁
周六早餐	豆豉肉末炒饭+虾皮紫菜蛋汤+凉拌苦瓜+火腿+青椒炒鸡蛋
周日早餐	拌海带丝+苦瓜豆腐汤+五香蚕豆+韭菜合子+梅子山药

一周采买清单

食材类别	食材种类
主食类	面粉、大米、芝麻烧饼、绿豆、玉米面粉、馒头
果蔬类	西葫芦、芹菜、黄瓜、彩椒、熟玉米粒、胡萝卜、青豆、香菇、豇豆、红薯、水发海带、菠菜、西蓝花、番茄、葡萄、苹果、青椒、洋葱、蒜苗、苦瓜、鲜蚕豆、山药
熟食类	火腿、酱牛肉
生肉类	棒骨、虾仁、瘦猪肉
调味类	大葱、生姜、冰糖、蒜、豆豉、虾皮、紫菜
其他	牛奶、高汤、酸奶、豆腐、鸡蛋、豆干、腐竹、花生仁、海米、西梅、话梅、酸梅晶

周一早餐 西葫芦蛋饼+大米绿豆粥+芹菜拌豆干+卤鸡蛋（购买）

全家人所需能量盘点

这套早餐中的绿豆粥、蛋饼富含碳水化合物，卤鸡蛋、豆干富含优质蛋白质，芹菜富含维生素、矿物质与膳食纤维。这样的组合不仅符合早餐营养均衡原则，还兼顾了干稀搭配，吃起来营养、美味又舒适。

需准备的食材

西葫芦1个，鸡蛋1个，面粉200克，大米50克，绿豆30克，芹菜150克，豆干100克，大葱1根，生姜1块。

头天晚上需要做好的工作

将绿豆和大米分别淘洗干净后一同倒入电饭锅中，加入三碗清水，盖上锅盖，接通电源，选择"煮粥"选项后按下"定时"键，在按下电饭锅"预约"键后设定好开始煮粥的时间，这个时间最好是第二天早餐开饭的前一小时。芹菜去叶洗净，以保鲜膜包裹并放在一平盘内，豆干以保鲜膜包裹，与芹菜放在一起，放入冰箱冷藏；卤鸡蛋洗净放入小碗内，放入冰箱冷藏。

省时小窍门（用时共计11分钟）

时间（分钟）	制作过程
5	西葫芦擦成丝，置于广口大碗内，加入盐；将小不锈钢锅内加水，上火烧开，准备汆烫芹菜、豆干用；把豆干、芹菜分别切好装盘；卤蛋切好装盘上桌
2	汆烫好芹菜与豆干，装盘，拌好上桌；绿豆粥中加入冰糖搅拌，盛出上桌
4	锅内放油置火上，在等待热锅的过程中，搅拌西葫芦面粉糊；摊糊饼的过程中，可以顺手收拾一下橱柜台面，并把筷子、勺子等摆上桌；摊好蛋饼直接上桌

西葫芦蛋饼

（3人份）
热量：795千卡

材料 西葫芦1个，鸡蛋1个，面粉200克

调料 盐3克，香油5毫升

做法

1.西葫芦用擦丝板擦成细丝，放到大碗内，调入盐搅拌后，放置5分钟。

2.打入一个鸡蛋搅散，再倒入香油，分几次调入面粉搅拌，直到面糊与西葫芦丝均匀地混合在一起，用勺子盛起呈黏稠状，但还可以缓慢流动（可以稍加点儿水，使面糊更稀些）。

3.平底锅中倒入少许油，加热至七成热时，调成中火，倒入面糊，双面烙成金黄色即可。

（3人份）
热量：182千卡

芹菜拌豆干

材料 芹菜150克，豆干100克

调料 盐、味精、香油、葱段、姜末各少许

做法

1.芹菜切去根头，切段，放入加盐的沸水中汆烫后捞出，过凉，备用。生姜切末。

2.豆干放入沸水中汆烫后切成小块。

3.将芹菜和豆干块放入大碗中，加入葱段、姜末、盐、味精、香油，拌匀即可。

周二早餐　家常面片汤+腐竹拌双丝+酱牛肉（购买）

全家人所需能量盘点

这套早餐中的酱牛肉富含优质蛋白质；腐竹、黄瓜、彩椒富含维生素、矿物质与膳食纤维；家常面片汤为家人提供充足的热量，营养搭配非常合理，适合在冬春季节食用。

需准备的食材

水发腐竹150克，黄瓜1根，彩椒半个，面粉200克，番茄1个，高汤250毫升，酱牛肉1块。

头天晚上需要做好的工作

取200克面粉，加温水，和一小块面，用保鲜膜包好，冷藏。腐竹掰断泡在水里，一起放入冰箱冷藏（室温下泡得时间久可能会变质）；黄瓜洗净，彩椒洗净，分别以保鲜膜包好，放入冰箱冷藏。

省时小窍门 （用时共计10分钟）

时间（分钟）	制作过程
5	取出面团，擀成薄片；番茄洗净，切小块，放入锅中炒香，倒入开水煮沸，放入面片；煮的过程中处理芹菜、腐竹、黄瓜
2	另用一锅放入开水，汆烫腐竹，捞出冲凉
2	腐竹切段，黄瓜切丝，彩椒切丝，调好调料，拌匀；酱牛肉切片
1	面片汤中加入盐、香葱、香油调味，熄火，盛出上桌

（2人份）
热量：720千卡

家常面片汤

材料 面粉200克，番茄1个，香葱2棵，高汤250毫升

调料 盐、酱油各1茶匙，香油1/2茶匙

做法

1. 面粉加适量温水，和成稍软的面团；番茄洗净，切块；香葱洗净切碎。
2. 面团擀成薄片，切宽条备用。
3. 炒锅加少许油烧热，放入番茄炒软，加酱油翻炒，再倒入高汤煮沸，切好的面条拿在手中，尽量抻薄抻长，放入锅中，搅拌均匀，加盖煮熟。
4. 放入盐、香葱碎、香油调味即可熄火。

（2～3人份）
热量：477.5千卡

腐竹拌双丝

材料 水发腐竹100克，黄瓜1根，彩椒半个

调料 香油、芝麻酱、盐、味精、酱油、辣椒油、花椒油、姜末、醋、香菜末、香葱末各适量

做法

1. 将腐竹切成寸段，放开水锅中焯一下，捞出沥水放凉。
2. 黄瓜洗净后切成细长丝；彩椒切成细丝。
3. 将腐竹段、黄瓜丝、彩椒丝盛盘中，撒上香葱末、姜末、香菜末，淋上香油、芝麻酱、酱油、醋、盐、味精、花椒油等，拌匀，最后淋上少许辣椒油，拌匀。

周三早餐

五色粥+奶香玉米饼+凉拌豇豆

全家人所需能量盘点

这套早餐中的五色粥、奶香玉米饼富含碳水化合物、维生素、矿物质、膳食纤维，可提供整个上午工作学习所需的能量。豇豆富含维生素、矿物质与膳食纤维。这顿早餐所含的营养均衡而全面。

需准备的食材

大米50克，熟玉米粒20克，胡萝卜10克，青豆10克，香菇25克，冰糖10克，豇豆200克，大蒜2瓣，玉米面粉150克，鸡蛋3个，牛奶200毫升，油、白糖各少许。

头天晚上需要做好的工作

将大米淘洗干净后倒入电饭锅中，加入三碗清水，盖上锅盖，接通电源，选择"煮粥"选项后按下"定时"键，在按下电饭锅"预约"键后设定好开始煮粥的时间，这个时间是第二天早餐开饭前30分钟。将胡萝卜、香菇洗净切丁，熟玉米粒、青豆洗净，放入密封容器中，放入冰箱保存。

省时小窍门 （用时共计11分钟）

时间（分钟）	制作过程
3	将胡萝卜丁、香菇丁、熟玉米粒、青豆放入电饭锅中，锅内加水煮；煮的同时，做玉米饼糊，把玉米面粉和鸡蛋、牛奶、白糖搅拌均匀
3	锅中水煮沸后汆烫豇豆，捞出过凉
3	平底锅烧热，倒入少许油，舀入玉米饼糊，制作奶香玉米饼
2	豇豆切段，大蒜拍成蒜泥，加入调料拌匀；五色粥熄火，盛出

五色粥

（1～2人份）
热量：224千卡

材料 大米50克，熟玉米粒20克，胡萝卜丁、青豆各10克，香菇丁25克，冰糖10克

做法

1.将熟玉米粒、胡萝卜丁、青豆、香菇丁分别入沸水中汆烫，捞出沥干。

2.将大米淘洗干净，放入锅中，注入适量清水煮沸。

3.放入玉米粒、胡萝卜丁、青豆、香菇丁，小火煮10分钟后放入冰糖，再煮5分钟即可。

（2～3人份）
热量：745千卡

奶香玉米饼

材料 玉米面粉150克，鸡蛋3个，牛奶200毫升，白糖、油少许

做法

1.鸡蛋打散，加入水、白糖搅拌均匀；玉米面粉放入盆内，倒入鸡蛋液和牛奶，调成糊状。

2.平底锅置火上烧热，淋入少许油，油热后，把面粉糊舀入锅中，晃动锅，把面糊摊平。一面熟后，翻面至两面金黄时即可。

凉拌豇豆

（2人份）
热量：55千卡

材料 豇豆200克，大蒜2瓣

调料 盐、生抽、香油各1/2茶匙

做法

1.豇豆洗净，放入沸水中烫熟，取出，过凉水后切段，放入盘中。

2.大蒜捣成蒜泥，放入小碗中加入少许生抽、盐、香油，拌匀，浇在盘中拌匀即可。

周四早餐 | 芝麻烧饼（购买）+黄豆海带棒骨汤+芹菜拌花生仁

全家人所需能量盘点

芝麻烧饼富含碳水化合物。黄豆海带棒骨汤可提供优质蛋白质，还可补充丰富的钙质，此外，汤中的海带还可补碘。芹菜富含维生素、矿物质与膳食纤维，花生被称为"长生果"，富含植物蛋白，吸收利用率高，这些食材能为身体整个上午的消耗提供足够的能量。

需准备的食材

棒骨1根，黄豆50克，干海带丝20克，花生仁100克，芹菜200克，芝麻烧饼2个。

头天晚上需要做好的工作

芝麻烧饼提前买好，装入保鲜袋，放入冰箱保存。将棒骨洗净用水汆烫后，与干海带丝、黄豆一起放入电高压锅或电砂锅，煲至熟。芹菜洗净，切成段，放入保鲜袋冷藏。花生仁炸酥后放入盘中晾凉，覆上保鲜膜保存。泡发黄豆与海带，覆上保鲜膜，放入冰箱冷藏。

省时小窍门（用时共计9分钟）

时间（分钟）	制作过程
3	将已经熬好的黄豆海带棒骨汤加热；芝麻烧饼取出，放入烤箱或平底锅加热2分钟
3	取一小锅，煮沸适量水，芹菜切段，入锅汆烫
3	芹菜取出冲水，沥干，拌入花生仁，加入调料拌好；黄豆海带棒骨汤盛出

黄豆海带棒骨汤

（2人份）
热量：518千卡

材料 棒骨1根，黄豆50克，干海带丝20克，葱、姜各适量

调料 米醋、盐各1茶匙

做法

1. 棒骨和葱、姜先入砂锅，添加清水，大火煮开后，加入醋，转小火煲2小时左右。

2. 再加入黄豆和海带丝煲至软烂，最后加盐调味即可。

芹菜拌花生仁

（2～3人份）
热量：330千卡

材料 花生仁100克，芹菜200克

调料 盐、味精、白糖、醋、花椒油各适量

做法

1. 锅中放入油，稍加热，放入花生仁，炸酥捞出，去皮；芹菜洗净，切段，放沸水锅中焯一下捞出，用凉开水过凉，控净水分。

2. 将芹菜段均匀地码在盘中央，花生仁堆放在芹菜周围，将盐、白糖、味精、醋、花椒油放在小碗中调好，食用时浇在芹菜上拌匀即可。

周五早餐

馒头（购买）+红薯粥+西芹虾仁

全家人所需能量盘点

这套早餐中的馒头与红薯粥中富含碳水化合物，能为一上午的消耗提供能量。西芹富含维生素、矿物质与膳食纤维，虾仁富含优质蛋白质、矿物质及多种维生素，且肉质鲜美，吃起来爽口又美味。红薯富含蛋白质、淀粉、果酸、纤维素、氨基酸、维生素及多种矿物质，具有保护心脏、预防肺气肿、糖尿病、减肥等功效。

需准备的食材

红薯250克，大米60克，冰糖10克，馒头2个，虾仁150克，西芹200克，胡萝卜半根。

头天晚上需要做好的工作

将大米淘洗干净后倒入电饭锅中，加入三碗清水，盖上锅盖，接通电源，选择"煮粥"选项后按下"定时"键，在按下电饭锅"预约"键后设定好开始煮粥的时间，这个时间是第二天早餐开饭前40分钟。

红薯洗净，去皮，切块儿，置于盘内，覆膜，放入冰箱。西芹洗净去掉部分叶子，以保鲜膜包裹，放入冰箱冷藏；胡萝卜洗净，用保鲜膜包好，放入冰箱冷藏；虾解冻，吸干水分置于碗内，加入调料抓匀，覆膜，放入冰箱冷藏。

省时小窍门（用时共计9分钟）

时间（分钟）	制作过程
2	先将红薯块加入正在熬煮的粥内，另取一锅加入适量水煮沸，放入1茶匙盐；馒头放入蒸锅加热
3	芹菜切斜段，胡萝卜去皮切薄片，分别放入烧沸的盐水中汆烫，捞出后控干、晾凉
3	炒锅烧热，放入油，炒西芹、虾仁
1	馒头取出，红薯粥熄火，盛出

红薯粥

（2人份）
热量：343千卡

材料 红薯250克，大米60克

做法

1. 大米洗净浸于水中1小时；红薯去皮切成小丁。

2. 大米和红薯丁放入锅内加水煮沸，后转小火，再煮25～30分钟，粥烂即可（根据自己口味可加冰糖调味）。

（2～3人份）
热量：547千卡

西芹虾仁

材料 虾仁150克，西芹200克，胡萝卜半根，葱末、姜末各10克

调料 料酒、干淀粉、鸡精、盐各1茶匙

做法

1. 虾仁去沙线洗净后用厨房纸吸干水分，加入姜末、料酒、干淀粉和1/2茶匙盐，用手捏几下上浆，放入冰箱冷藏至少半小时。

2. 西芹和胡萝卜洗净，分别切段、切片，入沸水汆半分钟，捞出沥干。

3. 热锅入油，油温后下虾仁，煸炒半分钟；放入西芹段和胡萝卜片，加入1/2茶匙盐和鸡精，撒入葱末，炒匀盛出装盘即可。

周六早餐

豆豉肉末炒饭+虾皮紫菜蛋汤+凉拌苦瓜+火腿(购买) + 青椒炒鸡蛋

全家人所需能量盘点

一般来说，到了周末，全家人可能会一起外出郊游，所以，周末的早餐最好是含高能量的食物。

这套早餐中的炒饭富含碳水化合物，瘦猪肉、蛋汤能提供身体所需的优质蛋白质，这些是全家人上午活动所需要的能量来源；虾皮富含钙质，有利于正在发育的孩子的骨骼发育与老人的骨骼健康；苦瓜富含维生素、矿物质与膳食纤维，还有清热解毒的食疗效果，吃起来清脆爽口，也是全家人适宜选择的时蔬。

需准备的食材

虾皮、紫菜各10克，鸡蛋4个，米饭300克，瘦猪肉末20克，豆豉20克，洋葱1个，蒜苗10克，红椒丝10克，苦瓜100克，青椒2个，葱1根，蒜2瓣，火腿3根。

头天晚上需要做好的工作

洋葱、蒜苗分别洗净切末、切段，豆豉泡水后洗净，一起放入盘中，覆膜，放入冰箱冷藏；米饭盛入碗里覆膜，放入冰箱冷藏。料酒泡上洗净的虾皮，覆膜放入冰箱冷藏。苦瓜洗净对切开，去瓤，以保鲜膜包裹放入冰箱冷藏。火腿切片，以保鲜膜包裹放入冰箱。

省时小窍门（用时共计14分钟）

时间（分钟）	制作过程
3	汤锅加水放入虾皮、紫菜，烧开；苦瓜切薄片，取另一锅，加水和1茶匙盐煮沸后，汆烫苦瓜，捞出冲水
2	汤锅中淋入鸡蛋液，放入调料后熄火，虾皮紫菜蛋汤出锅上桌
3	炒锅烧热，开始做豆豉肉末炒饭
2	青椒洗净，切块；鸡蛋打散
3	炒锅烧热，做青椒炒鸡蛋，盛出上桌；火腿片加热
1	苦瓜装盘，放入调料拌好

豆豉肉末炒饭

（3人份）
热量：1250千卡

材料 米饭300克，瘦猪肉末、豆豉、洋葱碎各20克，蒜苗段、红椒丝各10克

调料 盐、酱油各1/2茶匙，胡椒粉1/4茶匙

做法

1. 锅中放油烧热，放蒜苗段、肉末及豆豉一起爆炒出香味，放盐、胡椒粉、酱油翻炒，然后盛出备用。

2. 炒锅内放少许油烧热，下洋葱碎及米饭一起炒匀，将步骤1炒好的配菜倒入，不断翻炒，待各种滋味充分融合后，盛入盘中，撒上细细的红椒丝即可。

（3人份）
热量：127千卡

虾皮紫菜蛋汤

材料 虾皮、紫菜各10克，鸡蛋2个

调料 醋1茶匙，味精、盐各1/2茶匙，香油1/4茶匙

做法

1. 将紫菜洗净；将鸡蛋磕入碗内，打散搅匀。

2. 将炒锅置旺火上，加入清水、紫菜、虾皮，烧开后淋入鸡蛋液，待蛋液浮起后，加入醋、盐、味精即可。

凉拌苦瓜

材料 苦瓜100克，蒜2瓣

调料 盐、香油各1茶匙

做法

1. 苦瓜对切开，去瓤洗净；切薄片；蒜去皮洗净，拍扁后剁碎。

2. 锅中加适量水，煮沸，加入1/2茶匙盐，放入苦瓜片汆烫1分钟捞出，过凉水，沥干备用。

3. 苦瓜片加入蒜蓉，加入1/2茶匙盐、香油调拌均匀即可。

（2人份）
热量：30千卡

（2人份）
热量：153千卡

青椒炒鸡蛋

材料 青椒2个，鸡蛋2个，葱末、蒜末各适量

调料 盐1/2茶匙

做法

1. 青椒洗净，切块待用；将鸡蛋打入碗中，加盐，用筷子充分搅打均匀待用。

2. 锅里放油烧热，倒入鸡蛋液，翻炒后盛出备用。

3. 锅烧热，爆葱末、蒜末；倒入青椒块，加盐，大火翻炒；再倒入炒好的鸡蛋，翻炒均匀即可。

周日早餐

韭菜合子+拌海带丝+苦瓜豆腐汤+五香蚕豆+梅子山药

全家人所需能量盘点

全家人难得一起过的周日，时间也比较充裕，早餐可以尽量丰盛些，让餐桌上的时光变成家庭融洽相处的温馨时刻。海带含有丰富的碳水化合物、纤维，较少的蛋白质和脂肪，苦瓜富含维生素C，可满足全家人的营养需要；韭菜和山药都有促进食欲的作用，山药还有降低血糖的作用，非常适合早餐食用。

需准备的食材

面粉250克，韭菜300克，鸡蛋2个，水发海带100克，苦瓜150克，豆腐100克，鲜蚕豆、山药各150克，西梅、话梅各10克，酸梅晶20克。

头天晚上需要做好的工作

拌海带丝。海带洗净切丝，放入锅中用开水煮熟，捞出，用清水洗净，沥干水分，盛入盘内，加入酱油、盐、糖、五香粉、姜末、料酒拌匀，覆保鲜膜，放入冰箱冷藏。用温水把面粉和成稍软的面团，包上保鲜膜，放入冰箱冷藏。韭菜择去黄叶，放入牛皮纸袋中保存。

话梅、西梅、酸梅晶煮成梅子汁，放入密封容器冷藏。

省时小窍门（用时共计18分钟）

时间（分钟）	制作过程
5	面团提前取出，室温下回软；韭菜洗净，切碎；鸡蛋打散，炒熟；将韭菜鸡蛋制成馅料；面团揉匀，做成剂子，擀成圆片，做成数个韭菜合子
5	平底锅烧热，放入韭菜合子，两面烙熟；另取一锅放入适量水煮沸
2	烧热一小锅水，煮蚕豆
3	苦瓜、豆腐均切好，放入锅中煮熟，加入调料后熄火
3	山药去皮，切段后放入沸水中烫至断生，淋上做好的梅子汁，拌匀

拌海带丝

（2人份）
热量：90千卡

材料 水发海带丝100克，姜末适量

调料 酱油、盐、糖、料酒、香油、五香粉各适量

做法

1. 将水发海带丝放入沸水中煮软，捞出后用凉水冲净，控干，放入盘中。

2. 盘内，加入酱油、盐、糖、五香粉、姜末、料酒拌匀。

3. 入味后，再放香油拌匀即可。

（3人份）
热量：181千卡

苦瓜豆腐汤

材料 苦瓜150克，豆腐100克，葱丝、姜丝各5克

调料 盐、香油、海米各少许

做法

1. 苦瓜切薄片，豆腐切成小块。

2. 锅内放油烧至四成热，放入豆腐块，煎至两面呈金黄色(不宜太深)，加入水、海米、盐、葱丝、姜丝，烫开，撇去浮沫，放入苦瓜片，见汤汁烧开、苦瓜变翠绿色时，淋香油即成。

（3人份）
热量：410千卡

五香蚕豆

材料 鲜蚕豆150克

调料 大料1粒，花椒1茶匙，盐1/2茶匙

做法

1. 鲜蚕豆洗净，放入锅中，加入适量水。

2. 锅中加入大料、花椒、盐，大火煮沸，中火煮5分钟，熄火即可。

（3人份）
热量：1048千卡

韭菜合子

材料 韭菜300克，鸡蛋2个，面粉250克

调料 盐、香油各1茶匙

做法

1. 先用温水和面，要软硬适中，和好后，用保鲜膜把面盖好，饧10分钟左右。

2. 将韭菜洗净，沥干，切碎；鸡蛋搅成蛋液后，炒熟，切碎，把韭菜和鸡蛋碎拌匀，放入盐、香油，做成馅。

3. 把面揉成长条，再切成一块块小面团，擀成薄饼。在薄饼的一边放上半圆形的馅料，把另一边对折，捏紧。

4. 平底锅内倒油，放入韭菜合子，小火煎至两面金黄即可。

梅子山药

（3人份）
热量：197.9千卡

材料 山药150克，西梅、话梅各10克，酸梅晶20克

调料 白糖1茶匙，盐1/2茶匙

做法

1. 山药去皮切长条，放入开水中煮至断生即可，出锅过凉水，码入盘中。

2. 酸梅晶用水稀释，上火熬，放入西梅、话梅、白糖，放少许盐，汁见稠为止。

3. 汁凉后，淋在山药盘中即可。

第二章
西式营养早餐

西式早餐怎么吃

牛奶+面包——补充身体所需的基本能量

西餐以面包为主食，这符合早餐主食要以谷物为主的健康饮食原则，其作用和我们中国传统早餐的主食相当。面包与牛奶搭配，使早餐中既包含了碳水化合物、蛋白质、脂肪三大营养物质，还有丰富的钙，保证了基本的能量供给。

有的人图方便，认为早餐光喝牛奶就可以了。其实这样是不行的，早餐中必须有一定量的淀粉提供热量。如果没有淀粉，人体就会靠分解蛋白质来维持身体热能的消耗，那样蛋白质的营养就得不到充分利用了。另外，面包最好选全麦面包，全麦面包可使人的血糖保持稳定，不易出现疲倦、精力不足的情况。

丰盛配餐——多元营养素应有尽有

西餐中常见的早餐配餐有鸡蛋、火腿、果酱、花生酱等，这些食物富含蛋白质，弥补了中式早餐蛋白质不足的缺点。三明治中往往还夹有生菜、番茄等，这些食物大大丰富了早餐的营养，在三大营养物质的基础上，还增加了矿物质、微量元素、维生素等。此外，黄瓜、萝卜、彩椒等适合生食的蔬菜可以添加在早餐中，以补充纤维素的不足，而且这些蔬菜生食爽脆、口感好，营养物质也不易被破坏。

水果——额外的甜点，终生好朋友

比较理想的早餐营养组成是蛋白质充分、低油、含碳水化合物，但糖分不要太多。进餐时吃含有水果的食物、菜肴，或者作为一道餐后甜点少量食用，都没有问题。但需要注意的是，如果用水果替代部分蔬菜，需要注意控制一餐当中的总能量，因为水果比蔬菜能量高一些。

一周采买食材清单

一周早餐最佳搭配

周一早餐	曲奇饼+时蔬甜虾沙拉+牛肉酸瓜卷+牛奶
周二早餐	法式三明治+煎鸡蛋+柠檬蜂蜜水
周三早餐	汉堡+南瓜羹+水果沙拉
周四早餐	蒜香烤面包+时蔬三文鱼沙拉+咖啡
周五早餐	奶香咸味吐司+芥蓝沙拉+鲜虾炒蛋+椰汁（灌装）
周六早餐	虾乳酪意粉+香煎火腿芦笋卷+香蒜面包汤+大杏仁蔬菜沙拉
周日早餐	枕头面包+土豆沙拉+柠香煎三文鱼+魔鬼蛋+清炒甜豆+牛奶

一周采买清单

食材类别	食材种类
主食类	法棍、曲奇饼、汉堡面包、高筋面粉、意大利面
果蔬类	美国大杏仁、甜豆、圣女果、彩椒、芒果、柠檬、鸡蛋、番茄、生菜、洋葱、小南瓜、荷兰豆、黄瓜、芥蓝、芦笋、橄榄、菠菜、苹果、猕猴桃、核桃、红椒
肉蛋类	火腿、奶酪、意式风干火腿、虾、肉馅、三文鱼、牛肉
其他	豆腐干、话梅、玉米笋、酸黄瓜、杏干、白葡萄酒、牛奶、袋装速溶咖啡、椰汁、蛋黄酱、大蒜、沙拉酱、蜂蜜、糖、芝麻、法香、炼乳

周一早餐 曲奇饼（购买）+时蔬甜虾沙拉+牛肉酸瓜卷+牛奶（购买）

全家人所需能量盘点

这套早餐中的曲奇饼富含碳水化合物，可提供充足的热量；牛奶富含蛋白质，还可以补充钙质；沙拉中的蔬菜与水果都富含维生素、矿物质与膳食纤维。蛋黄酱的主要成分是植物油和蛋黄，其所含的热量在所有沙拉酱中是最高的，这有助于补充整个上午的能量消耗。

这套早餐营养充分，吃起来爽口，是很科学的早餐食物组合。

需准备的食材

虾200克，美国大杏仁20颗，甜豆20根，圣女果10颗，彩椒半个，芦笋10根，干酪粉、胡椒粉、盐各1汤匙，鲜牛肉200克，酸黄瓜50克，曲奇饼1盒，牛奶1杯。

头天晚上需要做好的工作

将虾从冰箱冷冻室里拿出，放到冷藏室，进行12小时解冻（要选择自然解冻的方法，热水解冻会影响口味）。甜豆去筋洗净，圣女果洗净，彩椒洗净去蒂，芦笋切去根，一起放入大碗中，覆膜放入冰箱冷藏。鲜牛肉洗净，切薄片，覆膜冷藏。

省时小窍门 （用时共计8分钟）

时间（分钟）	制作过程
2	锅内加水上火煮；清理虾
1	腌好牛肉片，裹入酸黄瓜，送入烤盘烤
1	圣女果对切装盘，彩椒切条装盘；分别汆烫芦笋、甜豆、虾
3	牛奶用微波炉加热上桌；曲奇饼上桌
1	将虾和沙拉搅拌均匀，上桌；取出牛肉酸瓜条，上桌

时蔬甜虾沙拉

（3人份）
热量：303千卡

材料 虾200克，美国大杏仁20颗，甜豆20根，圣女果10颗，彩椒半个，芦笋10根

调料 蛋黄酱50克

做法

1. 虾提前拿出解冻；芦笋去除根部，切段；彩椒去子洗净，切条；甜豆洗净；圣女果洗净，对半切开。

2. 一锅水煮沸后分别氽烫芦笋段、甜豆、虾，然后放入冷水中。

3. 将虾、圣女果、彩椒条、芦笋段、甜豆、大杏仁倒入大碗中，调入蛋黄酱搅拌均匀即可。

（3人份）
热量：278千卡

牛肉酸瓜卷

材料 鲜牛肉200克，酸黄瓜50克

调料 干酪粉、胡椒粉、盐各1茶匙

做法

1. 鲜牛肉切片，用胡椒粉和少许盐抓匀。

2. 逐一取鲜牛肉片分别卷上一片酸黄瓜，码入烤盘中，撒上干酪粉，送入预热至200℃的烤箱5分钟，戴上隔热手套取出，装盘即可。

周二早餐

法式三明治+煎鸡蛋+柠檬蜂蜜水

全家人所需能量盘点

这套早餐中的法棍富含碳水化合物，能为身体提供充足的能量；鸡蛋富含蛋白质，同时蛋黄中的铁质可以有效预防贫血；三明治中的蔬菜有助于补充丰富的维生素、矿物质与膳食纤维，对维持体内的酸碱平衡非常有益。

需准备的食材

法棍半根，奶酪、火腿各2片，鸡蛋4个，番茄半个，生菜3片，蛋黄酱10克，柠檬1个，蜂蜜3汤匙，洋葱1个。

头天晚上需要做好的工作

生菜、番茄洗净覆膜冷藏；火腿、奶酪切片，覆膜冷藏。

省时小窍门 （用时共计9分钟）

时间（分钟）	制作过程
3	用沸水煮鸡蛋
2	柠檬片放入凉开水中，调入蜂蜜上桌
3	平底锅加油烧热，做煎鸡蛋；番茄、煮鸡蛋切片
1	煎鸡蛋出锅上桌；做好法式三明治上桌

法式三明治

（3人份）
热量：668千卡

材料 法棍半根，奶酪2片，火腿2片，鸡蛋1个，番茄半个，生菜3片

调料 蛋黄酱10克

做法

1.番茄、鸡蛋、火腿和奶酪切片。

2.将生菜、番茄片、鸡蛋片、火腿片、奶酪片夹入法棍中，挤上一些蛋黄酱即可。

（2～3人份）
热量：149千卡

煎鸡蛋

材料 鸡蛋3个，洋葱1个

调料 盐1/4茶匙

做法

1.洋葱择洗干净，切成圈。

2.平底锅中涂上一层薄油，加热到七成热时，放洋葱圈。

3.将磕开的蛋液倒入洋葱圈里，调成小火慢慢煎到底部定型，均匀地撒上一些盐，待颜色变成金黄色，蛋液凝固即可。

（2人份）
热量：48千卡

柠檬蜂蜜水

材料 柠檬1个，蜂蜜3汤匙，凉开水500毫升

做法

1.柠檬洗净切片，放入凉开水中。

2.调入蜂蜜搅匀即可。

周三早餐

汉堡包+南瓜羹+水果沙拉

全家人所需能量盘点

这套早餐中的汉堡包富含碳水化合物，汉堡包内所夹蔬菜含有丰富的维生素、矿物质与膳食纤维，肉饼与奶酪可提供优质蛋白质；南瓜以碳水化合物为主，其脂肪含量很低，是很好的低脂食品，家有老人可以常吃南瓜；有孩子的家庭早餐应该多吃水果，水果能为孩子整个上午的大量活动提供充足的能量。

需准备的食材

肉馅适量、汉堡面包1个、生菜1片、番茄1片、奶酪片1片，小南瓜1个，洋葱1个，猕猴桃3个、芒果2个，沙拉酱适量，胡萝卜2个。

头天晚上需要做好的工作

做肉饼。将肉馅倒入容器中，加入鸡蛋、料酒、生抽、蚝油、盐、黑胡椒粉、鸡精和香油搅拌均匀，加入擦成丝的胡萝卜和切碎的半个洋葱，把面包屑倒入，用手将这三样东西与肉馅抓拌均匀，用手将馅料做成直径约8厘米、厚约1厘米的肉饼。把肉饼放在盘里，覆膜冷藏。

省时小窍门 （用时共计10分钟）

时间（分钟）	制作过程
3	起油锅，炒洋葱与南瓜，加入牛奶，盖上盖煮
3	另起一油锅烧热，煎熟肉饼，做好汉堡上桌
2	猕猴桃、芒果去皮切丁，淋上沙拉酱上桌
2	南瓜羹煮至浓稠，加入盐和胡椒粉搅拌均匀熄火盛出

汉堡包

（1人份）
热量：210千卡

材料 肉饼1个，汉堡面包1个，生菜1片，番茄1片，片状奶酪1片

做法

1.平底锅中倒入油，烧热，将肉饼放入锅中，双面煎成金黄色。

2.将汉堡面包打开，放1片生菜，1片奶酪，放入煎好的肉饼，1片番茄（去掉汤汁），最后将汉堡面包的另1片盖上即可。

（2人份）
热量：195千卡

南瓜羹

材料 小南瓜1个，牛奶300毫升，洋葱半个

调料 盐1茶匙，白胡椒粉1/2茶匙

做法

1.小南瓜洗净，去子，切成片；洋葱切成碎粒。

2.锅中加油烧热，先将洋葱粒炒出香味，再放入南瓜片翻炒3分钟，倒入牛奶煮沸，小火煮至南瓜软烂，用勺子将南瓜碾碎，加盐和白胡椒粉，煮至汤汁浓稠即可。

水果沙拉

（2人份）
热量：121千卡

材料 猕猴桃3个，芒果2个

调料 沙拉酱1汤匙

做法

1.芒果洗净，去皮，除核，切丁；猕猴

桃顶部开一小口，用小勺一块块挖出果肉，盛入盘中。

2.淋上沙拉酱拌匀即可。

周四早餐

蒜香烤面包+时蔬三文鱼沙拉+咖啡（购买）

全家人所需能量盘点

这套早餐中的面包含有碳水化合物，能为身体提供基本的能量；三文鱼含有优质蛋白质，还有丰富的不饱和脂肪酸，能有效降低血脂和血胆固醇，预防心血管疾病，对家里的老人、脑力劳动者、应试学生都有益处；多种时蔬含有丰富的维生素、矿物质与膳食纤维，是身体所需能量的必要补充；适量饮用咖啡可以减轻环境中的辐射伤害，还能使人暂时精力旺盛，思维敏捷。

需准备的食材

法棍半根，大蒜4瓣，法香一小撮，黄油10克，红椒碎5克，三文鱼150克，菠菜30克，豆腐干4块，彩椒半个，洋葱、姜末各10克，杏仁片5克，核桃10克，袋装速溶咖啡2小袋。

头天晚上需要提前做好的工作

黄油从冰箱中拿出，使其在室温下自然软化。菠菜洗净覆膜冷藏；豆干切成粗丝，彩椒、洋葱和姜均切丝，杏干切块，分别覆膜冷藏；三文鱼用清水冲洗，吸干水分，片成5毫米的片，再切成条，盛在盘内覆膜冷藏。

省时小窍门 （用时共计9分钟）

时间（分钟）	制作过程
2	法香洗净切碎，大蒜、红椒均切碎。把蒜泥、法香碎和黄油抹在面包片上，放入烤箱，180℃定时6分钟
3	腌制三文鱼丝；取一小锅烧水，分别按顺序汆烫彩椒、菠菜、豆干，盛出冲水晾凉，备用
4	制作三文鱼沙拉，冲泡咖啡上桌；打开烤箱，取出面包上桌

蒜香烤面包

材料 法棍半根，大蒜4瓣，法香一小撮，红椒碎5克

调料 黄油10克，盐1/4茶匙

做法

1. 将法香、大蒜分别碎成末和泥，将蒜泥、法香末和黄油混合在一起，放入盐搅拌均匀，抹在面包片上。烤盘铺上锡纸，将面包片放入。

2. 烤箱预热后，将烤盘放在烤箱的中层，180℃烘烤6分钟即可，拿出后撒一些红椒碎点缀。

（2~3人份）
热量：337千卡

（3人份）
热量：295千卡

时蔬三文鱼沙拉

材料 三文鱼150克，菠菜30克，豆腐干4块，彩椒半个，核桃、洋葱各10克，姜末10克，杏仁片5克

调料 盐、酱油各1/2茶匙，醋1汤匙，蜂蜜1茶匙，香油1/4茶匙

做法

1. 菠菜洗净后用开水焯烫半分钟捞出，在冷水中浸泡一会儿，捞出沥干切段；洋葱切丝；彩椒切丝，核桃切粒。

2. 三文鱼切条，再用洋葱丝、盐、姜末和醋腌制3分钟；豆腐干切粒。

3. 将所有的原料倒入大碗中，加入盐、酱油、醋、蜂蜜、香油和姜丝拌匀装盘，撒上豆腐干粒、杏仁片和核桃粒即可。

周五早餐 奶香咸味吐司+芥蓝沙拉+鲜虾炒蛋+椰汁（罐装，购买）

全家人所需能量盘点

这套早餐中的奶油咸味吐司热量充足，搭配芥蓝沙拉、虾仁炒鸡蛋，不仅使维生素、钙质等营养充足，制作起来又非常省时，再搭配一罐椰汁，真是非常完美的一套早餐。椰汁有利尿消肿的功效，还有杀灭肠道寄生虫的作用，适合老人与孩子食用。

需准备的食材

牛奶1盒，高筋面粉300克，干酵母5克，芥蓝200克，沙拉酱1汤匙，鲜虾150克，鸡蛋3个，椰汁3罐。

头天晚上需要做好的工作

将牛奶倒入盆中，加高筋面粉、盐、白砂糖、植物油和干酵母。打开面包机开关，选择"普通面包"按键，待面发好后继续烤制，待面包机提示"已完成"，香喷喷的面包就做好了。将做好的面包覆膜放入冰箱冷藏。鲜虾剥出虾仁，去虾线后洗净，放入盘中，覆膜冷藏。芥蓝择洗干净，覆膜冷藏。

省时小窍门（用时共计9分钟）

时间（分钟）	制作过程
2	取一锅，烧开适量水，汆烫芥蓝，冲水后沥干，切丝
3	取出面包，切片，放入烤箱加热5分钟；鸡蛋打散，炒锅烧热
1	芥蓝入盘，放入调料拌匀
3	先炒鸡蛋，盛出后炒虾仁，再放入鸡蛋炒匀盛出；面包从烤箱取出上桌

奶香咸味吐司

材料 牛奶1盒，高筋面粉300克

调料 盐1/2茶匙，白糖20克，干酵母1茶匙

做法

1. 将高筋面粉倒入面包机中，加入盐、白砂糖、干酵母，再倒入牛奶，按下启动开关，选择"普通面包"按键。面包机启动，把面团和好，开始发酵。

2. 待发酵完成后，面包机继续烤制，待面包机提示"已完成"即可将面包取出。

（3人份）
热量：1278千卡

芥蓝沙拉

（2人份）
热量：84千卡

材料 芥蓝200克

调料 色拉油、沙拉酱各适量

做法

1. 汤锅置火上，倒入适量水烧沸，放入芥蓝焯烫至断生，捞出，过凉，沥干后切丝。

2. 取盘，放入焯好的芥蓝，淋上色拉油、沙拉酱，拌匀即可。

鲜虾炒蛋

材料 鲜虾150克，鸡蛋3个

调料 盐1/2茶匙，味精1/4茶匙，姜粉、白胡椒粉1/2茶匙，料酒1汤匙，淀粉1茶匙

做法

1. 鲜虾去头、去壳、去肠线后依次加入1/4茶匙盐、料酒、姜粉、白胡椒粉、淀粉，拌匀，再腌制5分钟。

2. 鸡蛋打散，锅中放入适量油加热，倒入蛋液炒散盛出。

3. 锅中放入适量油，加热至六成，放入虾仁炒至变色，再加入鸡蛋翻炒，加入剩下的1/4茶匙盐炒匀即可。

（3人份）
热量：324千卡

周六早餐

虾乳酪意粉+香煎火腿芦笋卷+香蒜面包汤+大杏仁蔬菜沙拉

全家人所需能量盘点

这套早餐中的面包与意粉中含有丰富的碳水化合物，可满足一上午身体的消耗；火腿、虾与奶酪可提供优质的蛋白质，这些都可补充身体的能量消耗，其中，虾富含不饱和脂肪酸，而其脂肪与热量含量则极低，是非常健康的食材，老少皆宜；各式蔬菜含有丰富的维生素、矿物质与膳食纤维，同时也有着很好的口感。

需准备的食材

虾100克，意大利面200克，橄榄5颗，乳酪30克，紫皮洋葱1/4个，菠菜50克，蒜末5克，意式风干火腿5片，芦笋5根，白葡萄酒5克，奶酪粉5克，法式面包100克，蒜瓣10粒，鸡蛋2个，杏仁10颗，圣女果20个，话梅5颗，荷兰豆200克。

头天晚上需要做好的工作

虾从冰箱冷冻室里拿出放到冷藏室，进行12小时自然解冻，后切头去皮，覆膜冷藏；乳酪切块，覆膜冷藏；洋葱洗净切丝，覆膜冷藏；菠菜洗净，覆膜冷藏。

省时小窍门 （用时共计14分钟）

时间（分钟）	制作过程
3	锅内加水上火，煮开，按顺序汆烫芦笋、荷兰豆、菠菜，捞出过水沥干备用
3	锅中水再次煮沸，放入意大利面煮熟，捞出过水，拌入橄榄油备用
3	平底锅烧热，做香煎火腿芦笋卷
3	炒锅烧热，完成虾乳酪意粉，装盘上桌
2	另取一小锅，加水烧热，完成香蒜面包汤；把大杏仁蔬菜沙拉拌好上桌

虾乳酪意粉

（3人份）
热量：963千卡

材料 虾100克，意大利面200克，橄榄5颗，乳酪30克，紫皮洋葱1/4个，菠菜50克，蒜末5克

调料 橄榄油2汤匙，盐1茶匙，胡椒粉、糖各1茶匙，酱油1汤匙

做法

1. 将锅中的水烧开，放入1/2茶匙盐和1汤匙橄榄油，再放入意大利面，煮熟后捞出，过凉水后再淋上1汤匙橄榄油拌匀；洋葱切丝；菠菜氽汤后切段。

2. 炒香洋葱丝，放入意面、菠菜段，调入盐、胡椒粉、酱油、糖和蒜末，最后放入虾和乳酪翻炒均匀即可。

（2～3人份）
热量：311千卡

香煎火腿芦笋卷

材料 意式风干火腿5片，芦笋5根

调料 盐、黑胡椒粉各1/2茶匙，白葡萄酒、奶酪粉各1茶匙

做法

1. 往锅中倒入水，加入1/4茶匙盐，大火加热至水沸腾后，将芦笋焯烫10秒钟捞出，再马上放入冰水中浸泡，彻底凉透后，捞出沥干。

2. 将意式风干火腿平铺在案板上，取三根芦笋放在火腿片的1/5处，向上卷起成卷。

3. 锅中倒入少许橄榄油，待油七成热时，放入火腿芦笋卷，改成中火煎1分钟，撒入黑胡椒粉，烹入白葡萄酒，再翻面煎1分钟即可。食用前可撒上奶酪粉。

（3人份）
热量：480千卡

香蒜面包汤

材料 法式面包100克，蒜瓣10粒，鸡蛋2个

调料 盐1茶匙，橄榄油少许

做法

1. 鸡蛋洗净，磕入碗中，打散；面包切块。

2. 炒锅置火上烧热，倒入橄榄油，炒香蒜瓣，冲入适量热水煮开，淋入蛋液搅成蛋花，加盐调味，放入面包块即可。

（3人份）
热量：612千卡

大杏仁蔬菜沙拉

材料 杏仁10颗，圣女果20个，话梅5颗，荷兰豆200克

调料 盐1/2茶匙，橄榄油少许

做法

1. 圣女果对半切开。

2. 锅中倒入水，大火煮沸后，调入盐，放入荷兰豆，关火，20秒钟后捞出，放入冷水中浸泡。

3. 将荷兰豆沥干水分，倒入大碗中，放入圣女果和话梅，调入盐和橄榄油拌匀，放入杏仁即可。

周日早餐

枕头面包（购买）+土豆沙拉+柠香煎三文鱼+魔鬼蛋+清炒甜豆+橙子菠萝汁

全家人所需能量盘点

这套早餐中的面包富含碳水化合物，能提供一上午身体必需的基本能量；三文鱼、鸡蛋、牛奶可提供优质蛋白质，同时，牛奶还有丰富的钙质，三文鱼所含的Ω–3不饱和脂肪酸更是脑部、视网膜及神经系统需要的必不可少的物质，有增强脑功能、预防老年痴呆和预防视力减退的功效，适合老年人进食；土豆沙拉中的蔬菜有着丰富的维生素、矿物质与膳食纤维，是能量的必要补充。

需准备的食材

高筋面粉125克，酵母粉3克，鸡蛋4个，黄油25克，三文鱼350克，土豆2个，洋葱半个，黄瓜1根，芝麻30克，番茄半个，甜豆80克，小番茄3个，南瓜30克，橙子2个，菠萝1个，青柠檬汁少许，草莓250克，白糖35克。

头天晚上需要做好的工作

枕头面包。需提前一天做好面，程序如下：将125克高筋面粉与1.5克酵母粉混合，淋入110克牛奶，和成面团，用保鲜膜罩住面盆口，冰箱冷藏12小时；取出面团，添加35克牛奶、1个鸡蛋、25克黄油、2.5克盐，35克白糖，剩余的面粉和酵母粉揉匀，饧发至原面团体积的两倍大，擀成圆饼状，折叠两下，再擀成长方形，卷成卷，放入制作枕头面包的模具内，再放在温暖的地方饧发到面团充满整个模具。将烤箱预热到210℃，用上下火烤30分钟，戴上隔热手套取出，晾凉后脱模，切片即可。

省时小窍门（用时共计16分钟）

时间（分钟）	制作过程
3	把面包取出，放入烤箱加热；土豆洗净，切成小块，放入锅中蒸；处理黄瓜、洋葱、苹果、菠萝、橙子
3	另取一锅放入适量水煮沸，汆烫甜豆；腌制三文鱼
5	煎三文鱼；做魔鬼蛋
3	取出蒸熟的土豆，和黄瓜、洋葱一起拌匀
2	炒锅烧热，做清炒甜豆，把处理好的水果放入榨汁机中，榨汁

土豆沙拉

（3人份）
热量：165千卡

材料 土豆2个，黄瓜1根，洋葱半个

调料 橄榄油、迷迭香粉、沙拉酱各适量

做法

1. 土豆洗净，去皮，切成小块，放入锅中蒸熟。

2. 黄瓜洗净，切小块；洋葱去硬皮，洗净，切碎。

3. 土豆块、黄瓜块、洋葱碎放在盘中，调入橄榄油、迷迭香粉、沙拉酱拌匀即可。

（3人份）
热量：429千卡

柠香煎三文鱼

材料 三文鱼350克，芝麻30克，鸡蛋1个

调料 盐、胡椒粉各1茶匙，青柠檬半个，淀粉30克

做法

1. 将三文鱼切片，加入盐、胡椒粉和青柠汁腌5分钟，带皮的一面蘸上淀粉、鸡蛋和芝麻。

2. 起油锅烧热，七成热时改中火，煎鱼皮30秒钟（先煎蘸了芝麻的一层），再煎两个侧面至金黄色（鱼肉中间有少许红色时口感最好）即可盛盘出锅。

（3人份）
热量：249千卡

魔鬼蛋

材料 鸡蛋3个，西红柿半个

调料 白醋、盐、黑胡椒、蛋黄酱各适量

做法

1.番茄洗净，切小粒；鸡蛋洗净蒸熟，去皮，对半切开。

2.取蛋黄碾成泥，加白醋、盐、黑胡椒和蛋黄酱搅拌均匀，然后把搅拌好的蛋黄盛入蛋清里，撒上番茄粒即可。

（2人份）
热量：34千卡

清炒甜豆

材料 甜豆80克，小番茄3个，南瓜30克，葱、姜各5克

调料 盐1/2茶匙，味精1/4茶匙

做法

1.甜豆、小番茄、南瓜分别洗净，南瓜去皮，切丝，小番茄去皮切开。

2.甜豆在热水中烫熟，捞出备用。

3.锅内热油，用葱段、姜块炝锅，放甜豆、小番茄块、南瓜丝急火翻炒，用盐和味精调味即可。

橙子菠萝汁

3人份
热量：300千卡

材料 橙子1个，菠萝150克，草莓5个

做法

1.橙子去皮切成小块；菠萝去皮，切成小块。

2.将草莓洗净，与橙子块、菠萝块放入榨汁机中榨成果汁，倒入杯中饮用。

第三章
特殊人群早餐

家有老人的早餐

老年人的早餐怎么吃

宜迟不宜早

经过一夜睡眠，人体绝大部分器官得到了充分的休息，但是消化系统在夜间仍旧工作繁忙，紧张地消化一天中存留在胃肠道中的食物，到早晨才处于休息状态。

老年人各组织器官的功能都已逐渐衰老，如果早晨过早进食，机体的能量会被转移用来消化食物，自然循环必然受到干扰，代谢物也不能及时排除，积存于体内则会成为各种老年疾病的诱发因子。所以，老年人的早餐一般在8点半到9点之间食用较为合适。

宜软不宜硬

老年人早餐宜吃容易消化的温热柔软食物，如牛奶、豆浆、面条、馄饨、发面馒头、花卷等，尤其适宜吃点儿粥，如能在粥中加些莲子、红枣、山药、桂圆、薏仁等保健食品，则效果更佳。老年人早餐不宜进食油腻、煎炸、干硬以及刺激性大的食物，否则会克脾伤胃，导致食滞于中，消化不良。

宜少不宜多

饮食过量超过肠胃的消化能力，食物便不能被消化吸收，久而久之，会使消化功能下降，胃肠功能发生障碍会引起胃肠疾病。另外，大量的食物残渣贮存在大肠中会被大肠中的细菌分解，其中蛋白质的分解物苯酚等，经肠壁进入人体血液中，容易引起血管疾病，催人衰老。因此，老年人的早餐应与活动量相对应，吃七八成饱为度。

饭前先饮水

老年人在早餐之前应先饮些开水，这对身体有益。许多长寿老人的实践已经证明，每天早晨锻炼前，用凉开水或淡盐水漱漱口，然后再徐徐饮入适量的温开水，对于便秘、神经衰弱、胃肠消化不良，甚至像痔疮、头痛等一些慢性病症，均有预防作用。

老年人早餐食谱推荐

南瓜板栗粥

（2人份）
热量：197千卡

材料 南瓜200克，去皮栗子50克，大米100克

做法

1.南瓜洗净去瓤，切小块；去皮栗子洗净；大米淘洗干净。

2.锅中加入足量清水，煮沸后放入大米，水再次烧开后转小火（保持锅内翻滚），煮约20分钟至米粒软烂时，放南瓜块和栗子，再煮15分钟关火。

（3人份）
热量：272千卡

枸杞拌蚕豆

材料 鲜蚕豆200克，枸杞20克，蒜泥1汤匙，香葱末1茶匙

调料 酱油、醋各1茶匙，盐1/2茶匙，辣椒油少许

做法

1.鲜蚕豆洗净，与枸杞一同放入锅中，加盐煮熟盛出。

2.锅中倒入辣椒油，放入蒜泥、酱油、醋，调匀炒香，出锅浇在鲜蚕豆、枸杞上，撒上香葱末拌匀即可。

双豆百合粥

(2～3人份)
热量：557千卡

材料 绿豆50克，莲子、大米各50克，鲜百合、红豆各30克，冰糖15克

做法

1.绿豆、赤小豆、大米分别洗净，入水中浸泡2小时；鲜百合瓣成瓣洗净；莲子去心，洗净。

2.锅内倒水煮沸，放入绿豆、红豆、莲子、大米，先用大火煮沸，再转用小火熬煮，粥将煮好时放入百合煮至黏稠，加入冰糖煮化即可。

(2～3人份)
热量：122千卡

甜椒海带丝

材料 海带丝150克，红椒、黄椒各30克，葱丝、姜丝各5克

调料 盐1/2茶匙，香油1/4茶匙

做法

1.海带丝放入锅中煮软，捞出沥干。

2.红椒、黄椒均洗净，去除籽和里面的白筋，切丝，放入沸水锅中汆烫一下，马上冲凉水后沥干。

3.将海带丝、红椒丝、黄椒丝、葱丝、姜丝放入盘中，加入盐，淋入香油，拌匀即可。

紫薯银耳白果羹

材料 银耳2朵，紫薯200克，白果20克，冰糖适量

做法

1. 银耳泡发，洗净，撕成小朵；紫薯洗净，去皮，切成小丁。

2. 将银耳朵、白果和紫薯丁加水放入锅中，中火煮开，转小火慢煲。当汤汁变浓稠、紫薯丁软糯时加冰糖，待溶化后关火。

（3人份）
热量：175千卡

（3人份）
热量：231千卡

油盐拌豆腐

材料 豆腐200克，青、红椒各半个，熟芝麻2茶匙

调料 盐1/2茶匙，海米、花椒各1茶匙

做法

1. 豆腐切成方丁，入锅中加少许盐焯煮一下；海米泡发；青、红椒切成细末。

2. 将焯好的豆腐丁放入盘中，撒上青红椒末、海米、熟芝麻。

3. 锅中放油烧热，放入花椒炸香，豆腐盘中撒盐，将花椒油趁热浇入。

香菜拌松花蛋

（3人份）
热量：431千卡

材料 松花蛋3个，香菜200克，大蒜（白皮）10克

调料 酱油、醋各1茶匙，盐1/2茶匙，香油少许

做法

1.香菜洗净切成段，铺在盘内；皮蛋剥好，洗净，切瓣后整齐码放在香菜段上；大蒜切碎，撒在松花蛋上。

2.把酱油、醋、盐调成汁，浇在松花蛋上，淋上香油即可。

（2~3人份）
热量：712千卡

奶香麦片粥

材料 大米100克，鲜牛奶300克，麦片50克

调料 白糖适量

做法

1.大米淘洗净，与适量清水一同放入锅中，大火煮沸后转小火煮，约30分钟至粥稠。

2.加入鲜牛奶，以中火煮沸，再加入麦片，搅拌均匀，熟后以白糖调味即可。

青椒炒豆腐皮

（3人份）
热量：853千卡

材料 豆腐皮200克，青椒150克，葱花少许

调料 盐、花椒油各1/2茶匙

做法

1. 青椒洗净，去籽，切条。
2. 豆腐皮洗净切成丝，放入沸水锅中焯一下，捞出。
3. 油锅烧热，下葱花、青椒条煸炒，加盐，放入豆腐皮丝炒至入味，淋入花椒油即可。

（2～3人份）
热量：369千卡

南瓜小米粥

材料 大米、小米各100克，南瓜50克

做法

1. 大米、小米淘洗干净，放入锅中，加入适量水，中火烧开。
2. 南瓜去皮切小块，放入锅内同煮，中火烧开，改文火，慢慢熬至南瓜软烂即可。

套餐1：

馒头（购买）+清炒三丝+绿豆红枣粥

老年人所需能量盘点

这套早餐中的绿豆粥、馒头富含碳水化合物，能让老年人一上午有充足的精力活动。红枣可补充钙质，绿豆可清热解毒；土豆、胡萝卜、芹菜中含有丰富的维生素、矿物质与膳食纤维，可保持老年人机体的活力，其中的胡萝卜经过油炒，能使维生素A更好地被人体吸收。

需准备的食材

绿豆、大米各100克，红枣10颗，土豆1个，胡萝卜半根，芹菜1小棵，葱段1节，生姜1片，馒头1个，冰糖10克。

头天晚上需要做好的工作

将绿豆和大米分别淘洗干净后一同倒入电饭锅中，加入三碗清水，盖上锅盖，接通电源，选择"煮粥"选项后按下"定时"键，在按下电饭锅"预约"键后设定好开始煮粥的时间，这个时间是第二天早餐开饭前的40分钟。把红枣泡在水里，再放进冰箱里冷藏（在室温下泡久了可能会变质）。土豆、胡萝卜、芹菜分别洗净，放入冰箱冷藏。

省时小窍门（用时共计10分钟）

时间（分钟）	制作过程
2	红枣去核，放入煮粥的电饭锅中，煮5分钟；馒头放入微波炉加热2分钟
4	取一锅加入适量水，大火烧沸，胡萝卜、土豆、芹菜分别切丝，放入锅中汆烫，捞出，冲水沥干
3	炒锅烧热，做好清炒三丝，盛盘上桌
1	绿豆红枣粥搅拌均匀，盛出，上桌

清炒三丝

材料 土豆1个，胡萝卜半根，芹菜1小棵，葱末、姜末各1茶匙

调料 盐1/2茶匙，醋、花椒油、水淀粉各1茶匙

做法

1.将土豆、胡萝卜和芹菜均洗净后切丝，用沸水焯烫，变色即捞出，再用凉水过凉，沥干备用。

2.锅中加底油，烧热后爆香葱末、姜末，下焯好的三丝用旺火急速翻炒，烹醋、盐，调入水淀粉，淋花椒油出锅即可。

（2人份）
热量：144千卡

（3人份）
热量：808千卡

绿豆红枣粥

材料 绿豆、大米各100克，红枣10颗

调料 冰糖10克

做法

1.绿豆、大米分别洗净；红枣洗净，泡软后取出枣核。

2.绿豆、大米放入锅中加适量水煮开，小火煮30分钟。

3.把红枣肉切小块，放入粥中煮10分钟。

4.食用时加冰糖即可。

套餐2：

拌双耳+番茄疙瘩汤+桃子（购买）

老年人所需能量盘点

这套早餐中疙瘩汤里的面粉富含碳水化合物，西红柿含有的苹果酸和柠檬酸，有增加胃液酸度、帮助消化、调整胃肠功能的作用。比较适合老年人，且具有扶正强壮的作用，并常用于预防老年慢性气管炎等病症，对高血压患者尤为适宜；桃子具有养胃的作用，也很适合老年人进食。

需准备的食材

黑木耳3朵，银耳2朵，面粉100克，番茄1个，桃子1个，鸡蛋2个。

头天晚上需要做好的工作

番茄洗净，以保鲜膜包裹，放入冰箱冷藏。黑木耳、银耳分别泡发好，放入冰箱冷藏。

省时小窍门 （用时共计10分钟）

时间（分钟）	制作过程
3	炒锅烧热，番茄切块，放入锅中炒出红油，加水大火煮沸
2	面粉放入碗中，淋入少许水，拌成小粒，将面粒拨入炒锅中，继续煮
2	取一小锅，烧开水，汆烫银耳和黑木耳，盛出过凉，沥干，加入调料拌匀
3	炒锅中的水再次沸腾时，淋入蛋液，再次煮沸，调入盐、香油搅拌均匀，盛出上桌

（2人份）
热量：111千卡

拌双耳

材料 黑木耳3朵，银耳2朵，姜丝、香葱碎各1茶匙

调料 盐、香油各1/2茶匙，味精1/4茶匙

做法

1. 将黑木耳、银耳泡发洗净，在沸水内焯一下，捞出后用凉开水过凉，沥干水分，撕成小朵放盘内。

2. 放入姜丝、香葱碎、盐、味精、香油，拌匀即可。

番茄疙瘩汤

（2人份）
热量：434千卡

材料 面粉100克，番茄1个，鸡蛋2个

调料 盐、香油各1 茶匙，姜末5克

做法

1. 番茄洗净，切小块；鸡蛋打散，备用。

2. 炒锅放入油，烧至八成热，煸香姜末，放入番茄块，炒出红油，加入3杯水，大火烧沸。

3. 将盛有面粉的碗放在水龙头下，放最小的水滴在上面，用筷子拌成小粒，用筷子轻轻地把小面粒拨到锅里，煮沸后淋入蛋液，再次煮沸，加盐、香油调味即可。

套餐3：

咸蛋香粥+萝卜缨炒小豆腐

老年人所需能量盘点

咸蛋营养成分与鲜蛋一样，富含蛋白质、矿物质，其中含钙和铁的比例比鲜蛋还要高。萝卜缨的营养价值很高，富含纤维，可预防便秘；其味道有点儿辛辣，带点儿淡淡的苦味，可以帮助消化、理气；常服萝卜缨，有一定的预防近视眼、老花眼、白内障的作用。

需准备的食材

大米100克，咸蛋2个，鲜香菇2朵，樱桃萝卜200克，北豆腐100克。

头天晚上需要做好的工作

把樱桃萝卜缨择洗干净，控水，放入冰箱冷藏。将大米淘洗干净后倒入电饭锅中，加入适量清水，盖上锅盖，接通电源，选择"煮粥"选项后按下"定时"键，在按下电饭锅"预约"键后设定好开始煮粥的时间，这个时间最好是第二天早餐开饭的前1个小时。

省时小窍门（用时共计8分钟）

时间安排	制作过程
2	咸蛋去壳，切小块；香菇洗净切小片，放入煮好的粥中，再煮3分钟
3	炒锅放入适量水，大火煮沸，加入1茶匙盐，把萝卜缨放入锅中汆烫一下捞出，冲水，挤干，切碎
3	炒锅烧热，豆腐碾碎，放入锅中炒，然后加入切碎的萝卜缨炒匀即可

咸蛋香粥

（2人份）
热量：598千卡

材料 大米100克，咸蛋2个，鲜香菇2朵，葱末1茶匙

调料 高汤500克，香油1/2茶匙

做法

1. 咸蛋去壳切小块；鲜香菇洗净切小片。

2. 大米淘洗干净，与适量清水一同放入锅中，以大火煮沸，转用中火煮约20分钟，倒入高汤，放入咸蛋块、香菇片，用小火煮10分钟至熟，加入葱末、香油调味即可。

萝卜缨炒小豆腐

（2～3人份）
热量：136千卡

材料 樱桃萝卜200克，北豆腐100克

调料 葱花、花椒各1茶匙，生抽、盐各1/2茶匙

做法

1. 樱桃萝卜择洗干净；把北豆腐碾碎，撒上一些葱花，备用。

2. 萝卜缨切碎，用加盐开水烫一下，去除涩味，挤干水分备用；樱桃萝卜切小块。

3. 锅内加油烧热，放入花椒，炸出香味后撒入葱花，倒入碎豆腐炒香，调入盐和生抽炒匀，加入萝卜缨和萝卜块，翻炒均匀即可。

家有孕妈妈的早餐

孕妈妈的早餐怎么吃

科学搭配，营养全面

孕妈妈比平时更需要丰富的营养素，而早餐是一天营养之旅的开始。孕妈妈的早餐中最好能保证经常有以下几类食物：

奶制品。如鲜牛奶、酸奶、乳酪、孕妇奶粉等，以保证孕妈妈每天所需的钙。

豆制品和蛋类。豆制品能提供胎儿发育所需的蛋白质。

谷物类。如粗粮馒头、麦片、全麦面包等主食，这类食物中含有丰富的B族维生素、膳食纤维、植物蛋白和镁、钾、磷、铁等矿物质。营养丰富的主食能够保证孕妈妈每日所需的热量。

少量瘦肉。主要起到补铁、补充蛋白质的作用，但最好不要经常食用腌肉、香肠等熟食制品，因为添加剂较多。

蔬菜和水果。可以补充多种维生素和膳食纤维。

随孕程的推进而调整

在孕早期要注意饮食调养，膳食应以清淡、易消化为原则。

孕中期是胎宝宝迅速长大的阶段，孕妈妈也胃口大开，食欲旺盛，食量猛增。这个阶段，胎宝宝容易缺微量元素，孕妈妈在选择早餐时，要在保证基本营养素充分的前提下，注意补充微量元素。

孕晚期妈妈的行动开始不便，增大的腹部压迫到胃，会影响到进食，这个阶段的早餐不能进食太多，宜少食多餐，同时还要注意控制糖分、盐分和饱和脂肪的摄入。

孕妈妈早餐食谱推荐

枸杞山药粥

（1人份）
热量：257千卡

材料 山药50克，枸杞10克，鸡胸肉50克，大米100克，香葱碎1茶匙

调料 盐少许

做法

1. 鸡胸肉洗净，切丁，用开水汆烫一下；山药洗净后去皮切块；大米洗净。

2. 锅中加入适量的水煮沸，再放入大米、山药块、枸杞；先以大火煮开，再改小火煮成粥。

3. 放入鸡胸肉块煮5分钟，再放入盐、香葱碎即可。

（2人份）
热量：36千卡

青红椒笋丝

材料 莴笋1根，青、红椒各半个，姜丝、蒜末各1茶匙

调料 盐、醋各1茶匙，胡椒粉1/4茶匙，醋、香油1/2茶匙

做法

1. 莴笋去皮，洗净后切丝；青、红椒去籽，洗净后切丝。

2. 将莴笋丝、青、红椒丝放入盘中，撒入1/2茶匙盐，腌5分钟后，冲去水，沥干，放入姜丝、蒜末，加盐、胡椒粉、醋、香油，拌匀即可。

（2人份）
热量：294千卡

皮蛋豆腐

材料 嫩豆腐1盒，皮蛋2个，海米2茶匙，榨菜丝10克，葱末1茶匙

调料 生抽、香醋各1茶匙，香油1/2茶匙

做法

1.把嫩豆腐扣入盘中，倒去溢出的水；皮蛋切丁，放在豆腐上；海米泡软，切碎。

2.起锅烧热后，放入葱末、榨菜丝炒出香味，放入碎海米炒香，接着加入生抽、香醋炒至入味，后均匀地淋在皮蛋豆腐上，最后淋入香油即可。

香橙拌苦瓜

材料 苦瓜1根，橙子、柠檬各1个

调料 白糖1茶匙，牛奶1汤匙

做法

1.将苦瓜洗净，用勺子挖去瓜瓤，切成圆片，放入沸水中汆烫一下，捞出、冲水、沥干备用。

2.橙子削去外皮，切成厚度一致的片，将每片橙子用刀修成比苦瓜大一点儿的圆形切片；柠檬洗净，切开，把柠檬汁挤入碗内，调入白糖、牛奶混匀。

3.苦瓜片和橙片摆入盘中，淋上调好的牛奶柠檬汁，吃时拌匀即可。

（2人份）
热量：65千卡

（3人份）
热量：287千卡

凉拌素什锦

材料 鲜香菇、鲜口蘑、黄瓜、胡萝卜、番茄、西蓝花、马蹄、莴笋各50克

调料 酱油、盐、糖、花椒、生抽各1茶匙，香油1/2茶匙

做法

1. 将全部材料择洗干净，黄瓜、胡萝卜、莴笋切成寸段，鲜香菇、鲜口蘑、马蹄、西蓝花、番茄切片。

2. 将所有材料分别焯熟（黄瓜和番茄除外），放入盘中，加盐、糖、酱油拌匀。

3. 锅中入油，下花椒炸出香味后拣出，倒入拌匀的素什锦中即成。

（2～3人份）
热量：785千卡

红枣花生粥

材料 花生仁、红枣各50克，大米100克

调料 冰糖10克

做法

1. 花生仁浸泡2小时；红枣去核，洗净；大米淘洗干净。

2. 锅中放入适量水，煮沸，放入大米、花生仁、红枣，大火煮沸，小火煮至材料软烂，放入冰糖至溶化。

花生仁拌肚丁

（3人份）
热量：833千卡

材料 熟猪肚250克，花生仁100克，葱段1茶匙

调料 白糖、盐各1茶匙，酱油、花椒粉、香油各1/2茶匙

做法

1.将花生仁煮熟，去皮；熟猪肚洗净切成丁。

2.将猪肚丁、花生仁、葱段、白糖、盐、酱油、香油、花椒粉放入盘中拌匀即可。

（2人份）
热量：489千卡

海鲜粥

材料 大米100克，虾6只，鲷鱼30克，芹菜50克，姜丝1茶匙

调料 盐1茶匙，胡椒粉1/2茶匙

做法

1.大米淘洗干净，放入锅中加适量水煮沸，再用小火煮20分钟。

2.芹菜洗净，切成碎丁；虾洗净，去壳及肠线；鲷鱼切片。

3.把虾和鲷鱼片、芹菜丁、姜丝放入粥锅中，大火煮沸，加盐和胡椒粉后拌匀，熄火即可。

糖醋鸡蛋

（1人份）
热量：175千卡

材料 鸡蛋2个，葱末、姜末、蒜末各1茶匙

调料 白糖、醋、水淀粉各1茶匙

做法

1.将鸡蛋逐个磕入油锅中，炸成形似银包金的荷包蛋，捞出沥净油，放入盘中。

2.另起油锅加热，下入白糖炒至呈红褐色时，放入醋、葱末、姜末、蒜末，添加温水，烧沸，下入水淀粉勾芡，浇在鸡蛋上即成。

（1人份）
热量：318千卡

甜酒芸豆

材料 芸豆100克，醪糟100克

做法

1.芸豆洗净，放入温水中泡发。

2.把泡好的芸豆放入碗里，倒入3/4醪糟，入蒸锅蒸熟，取出晾凉。

3.在晾凉的芸豆中再加入剩余的醪糟提味即可。

套餐1：

鸡蛋阿胶粥+小炒米线

孕妈妈所需能量盘点

阿胶具有滋阴补血、安胎的功效，搭配鸡蛋食用，口感更好，营养更充足。孕早期食用可以预防妊娠胎动不安、小腹坠痛、胎下血、先兆流产等症。小炒米线口感细滑，可以搭配各类应季蔬菜烹调，能提高孕妈妈的食欲，又能为孕妈妈提供充足的能量。

需准备的食材

鸡蛋2个，糯米75克，阿胶50克，米线100克，肉末100克，韭菜、毛豆各30克，圆白菜50克。

头天晚上需要做好的工作

米线放入容器中用清水浸泡；肉末用葱、姜、盐拌匀，盖上保鲜膜放入冰箱冷藏。糯米淘洗干净，放入电饭锅中，加入适量清水，盖上锅盖，接通电源，选择"煮粥"选项后按下"定时"键，在按下电饭锅"预约"键后，设定好开始煮粥的时间，这个时间最好是第二天早餐开饭的前30分钟。

省时小窍门（用时共计10分钟）

时间（分钟）	制作过程
2	鸡蛋取出，打散，搅拌；阿胶清洗一下，放入粥锅中，煮沸后淋入蛋液
2	米线取出，控水；同时把韭菜、圆白菜洗净，韭菜切段，圆白菜切丝
5	炒锅烧热，下入肉末，炒至变色，盛出后再炒米线，然后放入肉末、毛豆、圆白菜、韭菜，炒匀，调味，盛出
1	粥中放入香油、盐调味，盛出

（1人份）
热量：544千卡

鸡蛋阿胶粥

材料 鸡蛋2个，糯米75克，阿胶50克

调料 盐、香油各1茶匙

做法

1.将鸡蛋打入碗内，用筷子顺着一个方向搅匀，备用。

2.将糯米淘洗干净，锅置火上，放入适量清水，旺火烧沸，下入糯米，再煮沸后改用小火熬煮至粥稠，放入阿胶，淋入蛋液，搅匀，烧沸后再放入香油、盐，再次煮沸后即可食用。

（1人份）
热量：193千卡

小炒米线

材料 米线100克，肉末100克，韭菜、毛豆各30克，圆白菜50克

调料 盐1/2茶匙，姜末1茶匙

做法

1.米线用凉水浸软后，放在开水中煮熟，再过冷水后沥干；毛豆洗净焯熟；韭菜洗净切段。

2.油锅烧热，放入肉末炒至变色，放入姜末，炒匀后盛出。

3.烧热油锅，放入米线及肉末炒透，加入毛豆、韭菜段炒匀，加盐调味即可。

套餐2：

煎饺+菠菜猪血汤+麻酱四季豆+煮鸡蛋

孕妈妈所需的能量盘点

这套早餐中的煎饺富含碳水化合物；鸡蛋、猪血及煎饺中的肉馅能提供优质蛋白质；菠菜和猪血都富含铁质，可预防孕妈妈贫血症状；四季豆富含维生素、矿物质与膳食纤维；麻酱中的含钙量比蔬菜和豆类都高，仅次于虾皮。这些食材的搭配能很好地补充身体能量的消耗，使孕妈妈整个上午都精力充沛。

需准备的食材

四季豆150克，姜末5克，鸡蛋1个，熟饺子15个，菠菜200克，猪血100克。

头天晚上需要做好的工作

煮熟的饺子以保鲜膜覆盖，放入冰箱冷藏。

四季豆择去老筋，洗净，置于盘内覆膜，放入冰箱冷藏。菠菜去除黄叶，保留根部，用保鲜膜包好放入冰箱冷藏。鸡蛋煮好。

省时小窍门 （用时共计12分钟）

时间（分钟）	制作过程
2	砂锅中加入适量水，中火煮开，猪血洗净，切块，放入砂锅；菠菜洗净，切段
3	另取一锅，放入适量水，煮沸后汆烫四季豆，捞出冲水，切段
3	把猪血块放入砂锅煮5分钟，同时调好麻酱，拌匀四季豆
3	平底锅烧热，加少许油，煎好饺子装盘上桌
1	菠菜段放入砂锅，加水、盐、香油略煮1分钟即可盛出上桌

煎饺

（2人份）
热量：335千卡

材料 熟饺子15个

做法

1.平底锅烧热，在锅底抹一层油，将饺子摆入平底锅，加入适量凉水，盖上锅盖。

2.见饺子底部出现一层薄锅巴，颜色变得略黄时，淋少许油略煎即可。

（2人份）
热量：103千卡

菠菜猪血汤

材料 菠菜200克，猪血100克

调料 盐1茶匙，香油1/2茶匙

做法

1.将猪血切块；菠菜去杂洗净，切段备用。

2.先将猪血块放入砂锅，加适量清水，煮至猪血熟透，再放入菠菜段略煮片刻。

3.加入盐调味，淋入香油即可。

麻酱四季豆

（2人份）
热量：105千卡

材料 四季豆150克，姜末5克

调料 芝麻酱1汤匙，盐1茶匙，味精1/4茶匙，花椒油1茶匙

做法

1.四季豆抽筋，洗净，在沸水中焯熟，折断，过凉，捞出，控去水分装盘。

2.把芝麻酱用凉开水调成糊状，与四季豆拌匀，把花椒油烧热，加入盐、味精、姜末浇在四季豆上，拌匀装盘即可。

套餐3：

凉拌金针菇+香蕉红枣玉米羹+蚝油生菜

孕妈妈所需的能量盘点

金针菇含有人体必需的氨基酸，其中赖氨酸和精氨酸含量尤其丰富，且含锌量比较高，对增强胎儿智力有良好的促进作用，金针菇还能有效增强机体的生物活性，促进体内新陈代谢，有利于食物中各种营养素的吸收和利用。孕妇食用金针菇对胎儿的生长发育也大有益处。香蕉、红枣、玉米羹巧妙搭配既能为身体补充一定量的钾，又富含维生素E，对孕妇的身体健康非常有益。爽口的生菜更能为孕妇提供足量膳食纤维，能够有效预防孕期便秘等不适状况。

需准备的食材

香蕉1根，玉米糙30克，糯米25克，红枣10颗，金针菇150克，熟火腿30克，生菜200克，蒜片10克，蚝油2汤匙。

头天晚上需要做好的工作

将糯米、玉米糙均洗净倒入电饭锅中，加入两碗清水，盖上锅盖，接通电源，选择"煮粥"选项后按下"定时"键，在按下电饭锅"预约"键后设定好开始煮粥的时间，这个时间是第二天早餐开饭的前1小时。红枣洗净，去核，放入碗中备用。金针菇去根洗净，切成两段，覆膜冷藏。

省时小窍门 （用时共计9分钟）

时间（分钟）	制作过程
1	把红枣放入煮好的粥中，再煮5分钟；香蕉去皮，切片，备用
2	炒锅放入适量水，大火煮沸，分别氽烫生菜、金针菇，捞出备用
2	熟火腿切丝，和金针菇同放入盘中，加调料拌匀
2	炒锅烧热，炒香蒜片，再调入调料，勾好芡汁，淋在生菜上
2	香蕉片放入煮好的粥中，搅拌均匀，盛出上桌

凉拌金针菇

（2人份）
热量：133千卡

材料 金针菇150克，熟火腿丝30克，葱丝、姜丝各5克

调料 盐、味精各1/2茶匙，香油1/4茶匙

做法

1. 金针菇去根洗净，切成两段。

2. 炒锅放油烧热，爆香姜丝、葱丝，再放入金针菇段炒匀，加盐、味精搅拌均匀，倒入盘内，冷却后和熟火腿丝拌匀，淋上香油即成。

（1人份）
热量：115千卡

蚝油生菜

材料 生菜200克，蒜片10克

调料 蚝油2汤匙，酱油、糖、料酒、水淀粉各1汤匙，香油1茶匙

做法

1. 生菜洗净，入沸水锅汆烫，冲凉水后沥干，放入盘中。

2. 另起油锅，炒香蒜片，加蚝油、料酒、糖、酱油，煮沸后加水淀粉勾芡，淋香油，浇在生菜上即可。

香蕉红枣玉米羹

（2人份）
热量：401千卡

材料 香蕉1根，玉米楂30克，糯米25克，红枣10颗

调料 冰糖适量

做法

1. 玉米楂、糯米分别洗净，锅中煮适量水至沸，放入玉米楂和糯米，大火煮沸，再用小火熬煮至黏稠。

2. 香蕉去皮切成薄片，锅中加入红枣、香蕉片和冰糖，再煮15分钟即可。

家有儿童的早餐

儿童的早餐怎么吃

饮食均衡，营养丰富

儿童早餐应有充足的复合型碳水化合物。尽量选择全谷类食物，比如全麦面包、全麦饼干等。常食精制的糖类，如糖果等，容易使儿童的血糖忽高忽低，对健康不利。

奶制品。可以选择强化维生素D的牛奶，如果有乳糖不耐受的情况则可以选择酸奶，特别是含有益生菌的奶制品。

优质蛋白质。除了鸡蛋外，瘦肉、鱼类、花生酱等也是蛋白质的良好来源。

蔬菜和水果。可以选择一些新鲜的、易于加工食用的蔬菜。用水果作为早餐的一部分，要注意果味饮料与果汁的区别，应选用100%的纯果汁，并适当兑一些水，以免浓度过高。

少量坚果。开心果、腰果、核桃富含多种不饱和脂肪酸，不但可以减轻儿童在上午的饥饿感，还有益智功效。

花样翻新

儿童的早餐既要有营养，又要花样翻新，在色、香、味、形方面都要有新意，要能充分调动儿童的好奇心，促进食欲，提高进食兴趣，让他们感受到吃饭是一种乐趣。

拒绝油炸食品

原则上不要让儿童在早餐时吃油炸食品、烘烤食品、腌制食品和熟食，如火腿、香肠、红肠等，不要让他们吃快餐。快餐存在"四高"和"三少"的问题，即高糖分、高脂肪、高热量、高味精；纤维素少、矿物质少、维生素少，对儿童生长发育非常不利。

儿童早餐食谱推荐

三文鱼肉粥

（1人份）
热量：178千卡

材料 三文鱼30克，豌豆10克，豆腐25克，鸡蛋1/2个，大米25克

调料 盐1/4茶匙

做法

1.三文鱼洗净，切成碎丁；豌豆洗净，放入锅中煮熟；豆腐用开水汆烫后，放入碗中捣碎；鸡蛋打散，搅拌均匀。

2.大米洗净，锅中加适量水，煮沸，放入大米，大火煮沸，转小火煮15分钟，放入豌豆、三文鱼碎、豆腐碎，煮沸后倒入蛋液，再煮沸，加盐调味即可。

（1人份）
热量：65千卡

胡萝卜肉末饼

材料 胡萝卜泥2汤匙，土豆泥4汤匙，鸡肉末、淀粉各1汤匙

调料 盐1/4茶匙，海苔粉1茶匙，番茄酱1汤匙

做法

1.将胡萝卜泥、土豆泥、鸡肉末、盐、淀粉混合拌匀，分成两等份。

2.每份搓圆压成扁圆形，放入平底锅中加少许油，煎黄，翻面加1汤匙水，盖上盖子，焖至熟透。

3.可撒些海苔粉增加口味，食用时可蘸番茄酱。

鸡蛋黄瓜面片汤

〈2人份〉
热量：167千卡

材料 鸡蛋1个，黄瓜半根，面片100克

调料 香油、盐各1/4茶匙

做法

1.黄瓜洗净，切片；鸡蛋打到碗里，搅匀。

2.锅内放油烧热后，倒入黄瓜片略炒，盛出后，锅中加水大火烧沸。

3.下入面片，搅拌均匀，中火煮软，下入蛋液，再煮沸，放入黄瓜片搅拌均匀，加盐、香油调味即可。

（2人份）
热量：211千卡

鲜虾寿司

材料 剩米饭300克，黄瓜条100克，海苔1张，鲜虾5只

调料 寿司醋1汤匙

做法

1.剩米饭淋入寿司醋，搅拌均匀；鲜虾煮熟去壳。

2.把海苔平铺在寿司卷帘上，并依次铺上米饭、黄瓜条卷紧，然后分成5小块，每块再摆上一只虾。

紫薯粥

（2人份）
热量：320千卡

材料 大米50克，紫薯100克，牛奶100毫升

做法

1.大米淘洗干净；紫薯去皮，切成小丁。

2.锅中加入水，煮沸后放入大米，大火煮沸后加入紫薯丁和牛奶，中火煮沸再转小火，煮至软烂黏稠即可。

（2人份）
热量：64千卡

虾末菜花泥

材料 菜花40克，虾50克

调料 生抽1/2茶匙，盐1/4茶匙

做法

1.菜花洗净，放入开水中煮软后切碎。

2.虾洗净除去外壳，去泥肠，放入开水中煮熟后切碎，再加入生抽、盐，倒在菜花上拌匀即可。

开心果沙拉

材料 开心果20粒，黄桃1个，酸奶200毫升

做法

1. 将开心果去壳；黄桃去皮切成块。

2. 将二者放入盘内，倒入酸奶，拌匀即可。

（2人份）
热量：724千卡

（2人份）
热量：209千卡

山楂海带丝

材料 鲜海带150克，山楂糕50克，葱丝、姜丝各3克

调料 白糖、料酒各1茶匙

做法

1. 锅内放入适量水，加葱丝、姜丝、料酒煮沸，鲜海带洗净放入锅内，先用大火煮沸，再用小火煮软，捞出海带切成细丝，装入盘中。

2. 山楂糕切丝，放入海带盘中，撒上白糖即可。

猪肝二米粥

（2人份）
热量：353千卡

材料 猪肝50克，大米50克，小米30克，葱花5克

调料 盐1/4茶匙

做法

1.将猪肝切片，用开水焯后捞出，再切成碎丁。

2.将大米、小米均淘洗干净，放入沸水锅中煮开，再用小火继续煮。

3.待粥快熟时，加入猪肝碎丁、葱花、盐，搅拌均匀即可。

（2人份）
热量：437千卡

菠菜鸡肝面

材料 挂面150克，鸡肝100克，菠菜1棵，胡萝卜50克，高汤100克

调料 盐、香油各1/4茶匙

做法

1.菠菜洗净，切碎；胡萝卜洗净，去皮，切碎；鸡肝放入开水中汆烫5分钟，捞出，切碎。

2.锅中放入高汤煮沸，下入挂面后大火煮沸，放入鸡肝煮2分钟，再加入胡萝卜碎、菠菜碎煮至软烂，加盐、香油即可。

核桃鲑鱼沙拉

（2人份）
热量：35千卡

材料 鲑鱼40克，核桃半个，菜花10克，柠檬汁1/3勺，酸奶2大勺

做法

1. 鲑鱼洗净后煮熟，去掉鱼刺只取鱼肉部分，切成1厘米大小的肉丁。
2. 核桃剥好后，用没放油的锅炒一会儿，然后拿出来研磨成粉末。
3. 把菜花的花朵部分摘下来，放入沸水中焯一下，再捞出来切成小粒。
4. 将酸奶、核桃、菜花和柠檬汁搅拌均匀。
5. 把鱼肉丁放到碗里，再把上一步做好的材料放入碗中拌匀即可。

（2人份）
热量：437千卡

鸡蛋豆腐汤

材料 鸡蛋1个，嫩豆腐100克，番茄、油菜各50克，高汤200克

调料 盐1克，香油2克

做法

1. 豆腐洗净切条；番茄洗净切块；油菜洗净切段；鸡蛋打成蛋液。
2. 锅置火上，注入高汤烧开，放入豆腐、油菜段，略煮，再均匀淋入鸡蛋液，搅散，再次煮开后加入番茄块，煮熟后加盐、香油调味即可。

套餐1：

鳕鱼粥+猪肝鸡蛋羹+虾仁炒豌豆+番茄沙拉

儿童所需能量盘点

鳕鱼鱼脂中含有丰富的蛋白质，还含有儿童发育所必需的各种氨基酸，其比值和儿童的需要量非常相近，又容易被人体消化吸收，还含有不饱和脂肪酸、钙、磷、铁、B族维生素等，营养非常丰富。

需准备的食材

大米60克，鳕鱼50克，鲜牛奶50毫升，鸡蛋2个，猪肝、豌豆各100克，虾200克，小番茄150克，生菜100克，香蕉1根，猕猴桃1个。

头天晚上需要做好的工作

虾仁、鳕鱼均放入冰箱冷藏室自然解冻。猪肝处理好后，切片，煮熟，捞出备用。

省时小窍门（用时共计13分钟）

时间（分钟）	制作过程
3	大米洗净，放入锅中，加适量水，大火煮沸；鳕鱼解冻后，切丁
2	鸡蛋打散，拌匀，加入煮熟的猪肝，上火蒸
3	取一小锅，煮沸适量水，汆烫豌豆和虾仁，捞出，冲水
2	炒锅烧热，炒好虾仁豌豆
2	米粥中加入鳕鱼丁，继续煮，然后放入鲜牛奶煮沸，熄火，盛出
1	鸡蛋羹熄火，出锅，淋入香油调味

鳕鱼粥

（2人份）
热量：289千卡

材料 鳕鱼50克，大米60克，鲜牛奶50毫升

做法

1.鳕鱼洗净切丁，待用。

2.锅内放适量的清水，煮沸后放入大米，再次煮沸后放入鳕鱼丁，转小火熬粥。

3.粥快熟时放入鲜牛奶（或调入奶粉），再次沸腾后熄火即可。

（2人份）
热量：209千卡

猪肝鸡蛋羹

材料 猪肝100克，鸡蛋2个

调料 盐、香油各1/4茶匙

做法

1.将猪肝去掉筋头，除去靠近苦胆的部分，冲洗干净，切成细丁后煮熟。

2.鸡蛋打散、搅匀，加入适量水、盐拌匀。放入猪肝丁，蒸20分钟，淋入香油即可。

虾仁炒豌豆

材料 虾200克，豌豆100克，葱花适量

调料 盐、香油各1/4茶匙

做法

1. 豌豆洗净，入沸水中汆烫过水备用；虾去头、去尾，挤出虾仁，剔出肠线，洗净。

2. 油锅烧热，下入虾仁爆炒后，再下入葱花、豌豆，加水，稍焖煮，加盐、香油即可。

（3人份）
热量：261千卡

（3人份）
热量：150千卡

番茄沙拉

材料 小番茄150克，生菜100克，香蕉1根，猕猴桃1个

调料 沙拉酱1汤匙，胡椒粉2克

做法

1. 小番茄洗净，对切开；生菜洗净，撕成小片；香蕉去皮，切块；猕猴桃去皮，切块。

2. 把上述材料放入沙拉碗中，调入沙拉酱、胡椒粉拌匀即可。

套餐2：

胡萝卜软饼+虾仁油菜粥+草莓水果酸奶杯

儿童所需能量盘点

很多孩子不喜欢吃胡萝卜，妈妈们就要开动脑筋了，如果是颜色鲜艳的胡萝卜软饼，孩子怎么会拒绝呢？给孩子做粥也可以经常变换花样，虾仁、鸡肉、油菜的搭配是不是很独特呢？再准备一份水果沙拉，让孩子一个上午都精力充沛，活力十足。

需准备的食材

面粉100克，鸡蛋2个，大米50克，胡萝卜1根，虾仁100克，鸡肉丝50克，油菜2棵，草莓10颗，小番茄10个，火龙果1/4个，香蕉1根，酸奶100毫升，葱1棵。

头天晚上需要做好的工作

胡萝卜、草莓、小番茄均洗净，分别放入密封容器冷藏；虾仁放入冰箱自然解冻；鸡肉切丝，放入保鲜袋冷藏。

省时小窍门 （用时共计15分钟）

时间（分钟）	制作过程
2	胡萝卜擦丝，鸡蛋打散，放入面粉搅拌成糊。另取一小锅加水煮沸，放入大米煮沸后转小火
2	水果取出，切好，放入容器倒入酸奶，拌匀，上桌
3	平底锅烧热，摊胡萝卜软饼，两面煎熟，盛盘
3	另取一锅，放入适量水，大火煮沸，汆烫虾仁、鸡肉丝，取出，冲水备用；油菜洗净，切碎；葱切碎
5	视锅中大米煮至半熟，加入虾仁和鸡丝，再煮5分钟，后加入油菜和葱花，大火煮沸后，加盐调味，熄火

胡萝卜软饼

（2人份）
热量：529千卡

材料 面粉100克，胡萝卜1根，鸡蛋2个

调料 盐3克

做法

1.将胡萝卜洗净，擦成丝；鸡蛋打散。

2.在面粉中加入适量清水、盐、胡萝卜丝和蛋液，搅成稀糊状。

3.平底锅中加少量油，舀入一勺面糊，将面糊摊成软饼，两面煎熟即成。

（2人份）
热量：313千卡

虾仁油菜粥

材料 虾仁100克，鸡肉丝50克，油菜2棵，大米50克，葱花5克

调料 盐1/4茶匙

做法

1.虾仁、鸡肉丝分别汆烫捞出；油菜洗净，切碎。

2.大米洗净，锅中加适量水煮沸后放入大米，再次煮沸后，转小火，至半熟时，加入鸡肉丝、虾仁，煮沸，再加入油菜和葱花，最后放入盐调味。

草莓水果酸奶杯

（2人份）
热量：142千卡

材料 草莓、小番茄各10颗，火龙果1/4个，香蕉1根，酸奶100毫升

做法

1.草莓洗净，切小块；小番茄洗净，对半切开；火龙果、香蕉去皮切小块。

2.将所有食材装入杯中，倒入酸奶拌匀即可。

套餐3：

火腿寿司+鸡肉沙拉

儿童所需能量盘点

紫菜、鸡蛋、西蓝花、黄瓜、米饭、鸡肉、火腿——这个早餐够丰盛吧！要给孩子充足的营养，就要摄取多种类的食物，以达到均衡摄取营养的目的。这套早餐更富含碳水化合物、维生素、蛋白质、矿物质。寿司是孩子喜欢的食物之一，可以经常变化里面的组合，火腿和鸡蛋可以换成黄瓜条、三文鱼等。鸡肉沙拉的做法也非常简单，妈妈可以根据孩子的口味，搭配玉米粒等。

需准备的食材

米饭200克，火腿100克，黄瓜1根，生鸡蛋1个，熟鸡蛋1个，鸡腿肉50克，西蓝花50克，紫菜、沙拉酱各适量。

头天晚上需要做好的工作

米饭盛入密封容器，放入冰箱。黄瓜、西蓝花分别洗净放入冰箱冷藏。鸡腿肉放入锅中加适量水、姜片，煮熟，晾凉，用保鲜膜包好冷藏。煮熟1个鸡蛋。

省时小窍门 （用时共计10分钟）

时间（分钟）	制作过程
2	米饭取出后，加入米醋拌匀；黄瓜切条，放少许醋腌制；火腿切条
2	鸡蛋1个打散，煎成蛋饼
2	用一个小锅煮沸1杯水，氽烫西蓝花，并把煮熟的鸡蛋和鸡腿肉分别烫一下，取出切碎
3	铺好紫菜，放入米饭，铺好火腿、蛋饼和黄瓜条，卷好，切小段，装盘
1	鸡蛋、鸡腿肉、西蓝花放入碗中，加沙拉酱拌匀

火腿寿司

（2人份）
热量：322千卡

材料 米饭200克，火腿100克，黄瓜1根，鸡蛋1个，紫菜1张

调料 沙拉酱、米醋、寿司醋各1汤匙，油少量

做法

1.黄瓜切条放醋腌制；将米饭中倒入寿司醋，拌匀放一边晾凉；鸡蛋打匀，锅中放少量油摊成蛋饼，切丝；火腿切条。

2.准备好竹帘，放上紫菜，把米饭铺在紫菜上并压平，然后涂一层沙拉酱，把火腿条、黄瓜条、蛋丝摆上后卷起，卷起来的时候尽量压紧，切成小段。

（1人份）
热量：158千卡

鸡肉沙拉

材料 鸡腿肉50克，西蓝花50克，熟鸡蛋1个

调料 沙拉酱1汤匙

做法

1.将鸡腿肉煮熟切碎；鸡蛋和西蓝花煮熟切碎。

2.鸡腿肉、鸡蛋、西蓝花放入碗中，调入沙拉酱拌匀即可。

家有考生的早餐

考生的早餐怎么吃

考生早餐不可省

俗话说，早餐要吃得像皇帝，午餐要吃得像平民，晚餐要吃得像乞丐。对于课业负担较重的学生来说，早餐是一天中最重要的一顿饭，它的质量不但会影响全天能量和营养素的摄入，而且还关系到他们的认知能力、学习成绩和身体的正常生长发育。据调查，凡能坚持每天吃好、吃饱早饭的学生，其体形和功能发育都比较好，身体健壮，精力充沛，学习效率也高；反之，早饭吃不饱或不吃早饭的学生，经过紧张的脑力或体力活动，很有可能出现四肢无力、思维迟钝、面色苍白、心慌、多汗等"低血糖"症状。

合理搭配，精力充沛

考生早餐的基本搭配原则是：主副相辅，干稀平衡，荤素搭配，富含水分和营养。

碳水化合物。如馒头、面包、粥等。因为这些食物糖和淀粉含量高，可使脑中的血清素增加。血清素有镇静作用，可使人的智力在上午达到最高峰。

动物蛋白质。如鸡蛋、牛奶、瘦肉等。牛奶富含蛋白质、钙及大脑所必需的氨基酸，是大脑代谢不可缺少的重要物质，鸡蛋中的卵磷脂可增强记忆力。

蔬菜和水果。蔬菜和水果不但能补充水溶性维生素和纤维素，还因为蔬菜和水果中富含的维生素C和钙、钾、镁等矿物质能使人体达到酸碱平衡。

高脂肪、高胆固醇有损精力

虽然进食油条、熏肉这类食物会让考生有一种饱腹感，但由于高脂肪和胆固醇的摄入量比较多，消化时间延长，易使考生大脑血液长时间在消化系统循环，造成脑部血液量减少，可能会使考生整个上午都觉得无法集中精神，降低脑的灵敏度，精力难以充沛。

考生早餐食谱推荐

什锦鸡丝粥

（2人份）
热量：784千卡

用料 大米100克，鸡胸肉100克，胡萝卜20克，油条半根，香菜碎10克

调料 盐1茶匙，香油1茶匙

做法

1.胡萝卜切细丝；冷油条切成细丝；鸡胸肉洗净，切丝，以少许盐和生粉腌制备用。

2.大米淘洗干净，锅中加入1500毫升清水，用大火烧开后，倒入大米，沸腾后改用小火煮60分钟。放入胡萝卜丝和鸡丝，滚煮2分钟关火，加入盐和香油调味。

3.吃时撒上油条丝和香菜碎即可。

（2人份）
热量：201千卡

丝瓜虾米蛋汤

材料 丝瓜1根，虾米10克，鸡蛋2个，葱花5克，香菇2个

调料 香油、盐各1/4茶匙

做法

1.将丝瓜刮去外皮，切成菱形块；鸡蛋加盐打匀；虾米用温水泡软；香菇用凉水泡软后切块。

2.起油锅，倒入蛋液，摊成两面金黄的鸡蛋饼，用铲切成小块，盛出待用。

3.油锅烧热，爆香葱花，放入丝瓜块炒软，加入适量开水、虾米、香菇块烧沸，煮5分钟。

4.下鸡蛋块煮3分钟，这时汤汁变白，放入盐和香油即可出锅。

肉丝炒乌冬面

材料 乌冬面200克，猪里脊100克，绿豆芽50克，韭菜10根，青椒、红椒各半个，鲜香菇1个，蛋清1/4只

调料 老抽、蚝油各1汤匙，糖、盐各1/2茶匙，干淀粉1茶匙

（2人份）
热量：397千卡

做法

1.猪里脊洗净擦干表面水分后切丝，加入1/4茶匙盐，加蛋清、干淀粉、清水，拌匀，腌制10分钟。

2.韭菜洗净后，切段；青椒、红椒、香菇切丝；绿豆芽去头后洗净备用。

3.锅中倒入水，大火加热煮开，放入乌冬面，并用筷子将面条打散，煮1分钟后捞出沥干备用。

4.锅中倒入油，烧至五成热时，放入腌好的肉丝，中火煸炒至肉丝变色后盛出；继续在炒肉丝的锅中放入香菇丝、青椒丝、红椒丝、绿豆芽。当香菇炒至微软时，倒入煸好的肉丝，倒入面条，再调入老抽、蚝油、糖、盐、少许水，大火翻炒均匀后，临出锅时撒入韭菜段，再煸炒几下即可。

四色烫饭

（2人份）
热量：695千卡

材料 米饭150克，番茄20克，鸡蛋2个，肉丝30克，葱末5克。

调料 盐、料酒各1/4茶匙，淀粉1茶匙

做法

1.将番茄洗净，用开水烫一下去皮，晾凉后切成块；将鸡蛋分离蛋清、蛋黄，分别放入两个小碗内，不要打散；肉丝放入一小碗内，加料酒、盐、蛋清、淀粉、葱末调匀，后腌制5分钟。

2.炒锅放少许油烧热，下腌好的肉丝炒至变色，盛出。

3.煮锅内放米饭、水，旺火煮沸，将蛋黄和剩余的蛋清倒入锅内，用筷子略挑开蛋黄，然后加入番茄块、炒好的肉丝同煮，2分钟后加盐调匀即可。

香甜黄瓜玉米粒

材料 黄瓜1根，甜玉米1根

调料 盐1/2茶匙，黑胡椒碎1/3茶匙，牛奶2汤匙

（2人份）
热量：121千卡

做法

1. 黄瓜洗净切成小丁；用刀刨下玉米粒。

2. 锅中倒入油，大火加热，待油温五成热时，先放入玉米粒炒1分钟，再放入黄瓜丁，然后撒入盐，淋入牛奶，最后加入黑胡椒碎，翻炒均匀即可。

鸡蛋灌饼

（2～3人份）
热量：933千卡

材料 普通面粉200克，鸡蛋3个，生菜3片

调料 盐1/2茶匙，甜面酱（或蒜蓉辣酱）适量

做法

1. 把盐放入温水中，搅拌至溶化备用；面粉倒入容器中，分几次倒入温水，用手揉成光滑的面团，盖上保鲜膜，放在室内饧20分钟；鸡蛋打散；生菜洗净后沥干水分。

2. 面团饧好后，用手揪成鸡蛋大小的剂子，然后擀成约3毫米厚的长条状，在擀开的面片上均匀地刷一层油，从一端卷到另一端（卷得稍微紧一些），在封口处将面片捏紧，卷好后，将面团立起，用手掌从上往下按平，然后用擀面杖擀成厚3毫米的饼。

3. 平底锅烧热后倒入油，放入薄饼，中小火烙制。当饼的中间鼓起来时，迅速用筷子将鼓起的部分扎破，形成一个小口，这时将鸡蛋液灌入，然后翻一面继续烙制。待两面烙成金黄色时，就可以盛出了。

4. 在烙好的鸡蛋饼上，抹上甜面酱（或蒜蓉辣酱），再放上一片生菜，卷好即可。

南瓜麦片粥

（2人份）
热量：360千卡

材料 南瓜100克，麦片40克，大米50克

做法

1.南瓜洗净，去皮，切小块，放入蒸锅蒸熟。

2.大米洗净，放入锅中煮粥，快熟时放入麦片搅拌均匀，再放入蒸熟的南瓜块搅拌，再煮2分钟即可。

（2人份）
热量：166千卡

香煎西葫芦

材料 西葫芦1个，鸡蛋2个，干面粉适量，葱末、蒜末各5克

调料 盐、糖、酱油、香油各1茶匙，白芝麻1汤匙

做法

1.将西葫芦洗净切片，撒少许盐略腌；鸡蛋打散。

2.将西葫芦片蘸上干面粉，再蘸蛋液、白芝麻，放入煎锅中两面煎熟。

3.将所有调料混合调匀，吃时蘸食。喜欢吃辣时可以加些辣椒粉。

套餐1：

超能量三明治+鸡丝汤面

考生所需能量盘点

学生学习和活动一上午，需要大量的能量来支持身体能量消耗，所以学生的早餐不仅需要足够的热量，还需要优质蛋白质来补充大脑所需的能量，这样才能更好地吸收知识和思考问题。这套早餐中的超能量三明治，既是孩子身体所需热量的来源，又能为孩子补充维生素和蛋白质；鸡丝汤面热量充足，又能为孩子提供优质蛋白和矿物质，补充大脑营养。

需准备的食材

面包片2片，火腿2片，番茄1个，熟鸡蛋1个，生菜30克，细挂面200克，熟鸡肉100克，紫菜10克，香菜5克，葱、姜各适量。

头天晚上需要做好的工作

鸡蛋煮熟；熟鸡肉放入加有葱花、姜末的水中煮熟，捞出，晾凉，放入密封容器中，冰箱冷藏。

省时小窍门 （用时共计10分钟）

时间（分钟）	制作过程
2	取一小锅，加入适量水，大火煮沸
3	面包切片，火腿、熟鸡蛋、番茄分别切片，放入面包片中，放入沙拉酱夹好，放入微波炉加热1分钟
3	锅中水煮沸后，放入细挂面煮熟，捞入碗中
2	炒锅烧热，爆香葱花、姜末，加入调料、香菜、紫菜、香油煮沸，淋入面条碗内

96

超能量三明治

（2人份）
热量：463千卡

材料 面包片2片，火腿2片，番茄1个，生菜30克，熟鸡蛋1个

调料 沙拉酱适量

做法

1. 熟鸡蛋去壳切片；番茄和生菜均洗净，番茄切片，生菜撕成大小适度的片。

2. 取一片面包，上面放1片生菜、2片番茄片、2片鸡蛋片、1片火腿，涂少许沙拉酱，再放上另一片面包即可。

鸡丝汤面

（2人份）
热量：528千卡

材料 细挂面200克，熟鸡肉100克，紫菜10克，香菜5克，葱花、姜末各3克

调料 酱油1茶匙，盐、香油各1/2茶匙

做法

1. 将熟鸡肉用刀切丝或用手撕成细丝；香菜择洗干净，切段；紫菜洗净，用手撕成小块；细挂面煮熟后盛入碗内。

2. 锅置火上，放油烧至七成热，爆香葱花、姜末，倒入清水烧开，撇去浮沫，加酱油、盐，调好口味，撒入香菜段、紫菜，拌匀，淋入香油，分别舀入面条碗内，再把鸡肉丝放在面条上即成。

套餐2： 山药虾仁粥+抹面包片+糖醋黄瓜片+苹果（购买）

考生所需能量盘点

山药含有淀粉酶、多酚氧化酶等物质，易被脾胃消化吸收，具有平补脾胃的功效，经常食用，能够改变脾胃不和的症状，有益于青少年的身体健康。面包是青少年喜欢的食物，可以根据个人喜好，选择不同的果酱或干果，搭配出独特的口味。糖醋黄瓜片能够开胃、促进食欲，非常适合早上食用。

需准备的食材

山药100克，大米100克，虾仁100克，面包2片，果酱10克，碎果仁适量，黄瓜150克。

头天晚上需要做好的工作

虾仁放入冰箱冷藏室，山药、黄瓜分别洗净，放入冰箱冷藏。

省时小窍门 （用时共计12分钟）

时间（分钟）	制作过程
3	大米洗净，放入热水锅中煮沸；山药洗净，去皮，切块；黄瓜洗净，切片，放入1/2茶匙盐，腌渍5分钟
2	另取一小锅，放入适量水煮沸，汆烫虾仁，捞出
2	大米煮沸后，放入山药块，小火煮5分钟
2	黄瓜冲去盐水，放入调料拌匀
2	粥煮熟后，放入虾仁拌匀，放入盐、胡椒粉拌匀，熄火
1	面包片抹好果酱，上桌

山药虾仁粥

（2人份）
热量：288千卡

材料 大米、山药各100克，虾仁100克
调料 盐、胡椒粉各1/2茶匙
做法
1.山药去皮，洗净，切块；虾仁洗净，焯水后盛出备用；大米淘洗干净。
2.锅中放入适量水，煮沸，放入大米，煮沸后放入山药块，煮至软烂，放入虾仁煮熟，再放入盐、胡椒粉调味即可。

（1人份）
热量：178千卡

抹面包片

材料 面包2片，果酱10克，碎果仁10克
做法
在面包片上抹上果酱、碎果仁，即可食用。

糖醋黄瓜片

（2人份）
热量：23千卡

材料 黄瓜150克
调料 盐、白糖、白醋各1茶匙
做法
1.将黄瓜切成薄片，提前用1/2茶匙盐腌渍30分钟。
2.用冷开水洗去黄瓜的部分咸味，水控干后，加白糖、白醋略拌即可。

套餐3：红烧牛肉面+咸鸭蛋拌豆腐

考生所需能量盘点

这套早餐里的牛肉含有充足的蛋白质且脂肪含量低，非常适合青少年人群食用。牛肉可以补中益气、滋养脾胃、强健筋骨、化痰息风、止渴止涎。牛肉中的肌氨酸含量很高，这使它对增长肌肉、增强力量特别有效，早餐吃一碗红烧牛肉面，能让孩子一个上午都保持旺盛的精力和体能。搭配一盘咸鸭蛋拌豆腐，能够补充更丰富的钙质。

需准备的食材

牛肉200克，面条100克，蒜瓣1个、葱2根，咸鸭蛋2个，北豆腐200克。

头天晚上需要做好的工作

牛肉洗净，切块，按照下页"红烧牛肉面"中所述方法，把牛肉烧熟，盛出备用。

省时小窍门 （用时共计10分钟）

时间（分钟）	制作过程
3	锅中加适量水，大火煮沸，用于煮面；把红烧牛肉盛出一些，用微波炉加热
2	咸鸭蛋去壳，切成小丁；豆腐切丁，放入煮沸的水中余烫一下捞出
3	把面条放入锅中，煮熟
2	拌好咸鸭蛋，把红烧牛肉连汤倒入面中，拌匀上桌

红烧牛肉面

材料 牛肉200克，面条100克，葱段、姜片、蒜瓣各10克

调料 盐、老抽、白糖各1茶匙，料酒、醋、生抽各1汤匙；小茴香、山楂各1茶匙、八角1粒，桂皮1小块

（2人份）
热量：672千卡

做法

1.牛肉切块，洗净后，用冷水烧开，去除血水，盛出洗净备用。

2.炒锅加油烧热，爆香葱段、姜片、八角、蒜瓣，倒入牛肉块，炒至肉色发黄，加入料酒、生抽、老抽、醋、白糖，加满冷水，再把桂皮和山楂、小茴香一起放入；煮开后，小火炖煮2小时，关火前加适量盐调味。

3.面条煮熟，加入烧好的牛肉块，拌匀即可。

（2人份）
热量：386千卡

咸鸭蛋拌豆腐

材料 咸鸭蛋2个，北豆腐200克

调料 香油1/2茶匙，葱花、姜末、蒜泥各5克

做法

1.将豆腐用冷水洗净，汆烫一下，切成小丁装入盘内，淋入香油，拌匀待用。

2.将咸鸭蛋煮熟，冷后剥壳，切成小丁。

3.将咸鸭蛋丁、葱花、姜末、蒜泥，放入豆腐丁盘内，拌匀即可。

家有"三高"人的早餐

"三高"人的早餐怎么吃

主食以谷类为主

谷类食物中的米糠和胚芽部分含有丰富的钾、镁、锌、铁、锰等矿物质，可以帮助降低血压，有利于预防心血管疾病；谷类食物中还保留了大量膳食纤维，能与胆汁中的胆固醇结合，促进胆固醇的排出，从而有利于帮助高血脂患者降低血脂；谷类食物对于糖尿病患者和肥胖人士也特别有益，因为其中的碳水化合物易被粗纤维组织所包裹，使人体的消化吸收速度减慢，因而能很好地控制血糖。

多吃奶、豆制品

牛奶、豆类及其制品均是营养佳品，除含有高质量的蛋白质外，还含有钙、铁、B族维生素等。其中的优质蛋白质不仅能保持血管的弹性，还有清除血液中过量钠的作用，能有效防止动脉硬化、高血压的发生；奶、豆制品中所含的一种耐热低分子化合物可以抑制胆固醇的合成，所含的乳清酸能影响脂肪的代谢，所含的钙质与胆碱，具有促进胆固醇从肠道排泄、减少其吸收的作用，奶豆制品还含有钙、钾等元素，这些对预防和缓解冠心病、高血压也有好处。

蔬菜、薯类

蔬菜和薯类含有丰富的膳食纤维，可以增加饱腹感，减少摄食量，同时还能减慢食物的消化速度，并可促进胆固醇的排出，既有利于控制血糖，也有利于降低血脂，非常适宜"三高"人群食用。另外，进食较多的蔬菜和薯类，可以增加血管的抗氧化能力，对保护心血管健康也有十分重要的作用。

早餐不能省

早餐补充不足，对"三高"人群的健康极为不利。首先，大脑细胞得不到充足的血糖供应，记忆力和反应能力会明显下降；其次，由于没有获得足够的能量和营养，等到午餐、晚餐的时间，脂肪消耗的能力就会变差，而此时又吃进大量高热量的食物，结果是吃进的热量比消耗的热量多，容易变胖。而且不吃早餐还会使人面临患糖尿病、心血管病和胆结石的危险。所以，"三高"人群应定时吃早餐。

"三高"人早餐食谱推荐

葱拌豆

（1人份）
热量：123千卡

材料 黄豆30克，姜片2两片，葱白1段

调料 生抽1茶匙，香油1/2茶匙，八角1个

做法

1. 黄豆用凉水泡发一夜；坐锅烧水，水开后加入泡发好的黄豆、姜片和八角，大火煮开后，转小火，5分钟后即可关火。

2. 葱白切碎，和晾凉的黄豆混合，加入生抽、香油拌匀即可。

炝拌三丝

（1人份）
热量：32千卡

材料 黑木耳10克，莴苣半根、胡萝卜1小根，蒜2瓣

调料 生抽、米醋、芝麻、花椒各1茶匙，盐1/2茶匙

做法

1. 黑木耳泡发，莴苣去皮，胡萝卜洗净，三者分别切丝后焯水30秒钟捞出，过凉水，沥干。

2. 把以上三丝放入容器内，放上切碎的蒜末。

3. 锅里放少许油烧热，放入花椒，小火炸香，拣出花椒不要；油趁热倒在蒜上，加生抽、盐、米醋、芝麻拌匀即可。

红翠拌菜

（2人份）
热量：74千卡

材料 紫色洋葱、青椒、红椒各半个，甜豆50克，小番茄10个

调料 盐1/2茶匙，橄榄油1茶匙

做法

1.紫色洋葱去外皮，洗净，切丝；红椒、青椒去籽、去白筋，切丝；小番茄洗净，对半切块；甜豆洗净，放入沸水加少许盐焯熟。

2.将洋葱丝、青椒丝、红椒丝、小番茄块、甜豆放入盘中，调入盐、橄榄油拌匀即可。

（2人份）
热量：92千卡

梅味番茄

材料 番茄2个，话梅适量

做法

1.番茄柿洗净，沿顶部轻轻对刻两刀；锅中放水烧热，把番茄放进去稍微烫一下；话梅切成小颗粒，备用；西红柿从锅中取出，去皮，切成小块。

2.把番茄块和大部分话梅粒放进一个有盖子的碗，轻轻摇晃，使其出汁，并充分融入味，再把剩下的话梅粒放在上面即可。

蒜泥茄子

（2人份）
热量：70千卡

材料 茄子300克，大蒜1头

调料 香油1/2茶匙，盐、糖、醋各1茶匙，麻酱1汤匙

做法

1.茄子去蒂、削皮，切大片，入蒸锅中蒸熟烂，取出晾凉；大蒜去皮拍碎，加少许盐捣成蒜泥。

2.麻酱放入碗内，加糖、香油、盐、醋拌匀成调味汁。

3.将调味汁浇在晾凉的茄子上，撒上蒜泥，拌匀即可。

（2人份）
热量：438千卡

小米红薯粥

材料 小米100克，红薯80克

做法

1.小米洗净；红薯洗净，留皮，切成小块。

2.将小米、红薯块放入锅中，加入适量水煮沸，再用小火煮10分钟即可。

（1人份）
热量：198千卡

银耳鹌鹑蛋

材料 银耳20克，鹌鹑蛋4粒

调料 冰糖15克

做法

1. 将银耳泡发去蒂，洗净放入碗内加清水，上屉蒸10分钟；将鹌鹑蛋煮熟，捞出后过凉水，剥去外壳。

2. 锅烧热，加清水、冰糖烧开，待冰糖溶化后放入银耳、鹌鹑蛋，煮沸后撇去浮沫即可。

芹菜叶粉丝汤

（1人份）
热量：184千卡

材料 嫩芹菜叶100克，粉丝40克，香菇2朵，葱花、姜末各3克

调料 盐、味精、香油各1/2茶匙

做法

1. 嫩芹菜叶洗净；粉丝用温水泡至回软；香菇水发后去蒂，切小块。

2. 锅中加入色拉油烧至五成热，放入葱花、姜末炝锅，放入香菇块翻炒后盛出，锅中注入适量清水煮开，放入粉丝，加盐、味精调味，加入芹菜叶，煮沸后淋入香油即可。

（2人份）
热量：362千卡

藕拌黄花菜

材料 莲藕100克，黄花菜80克，葱花5克

调料 盐1茶匙，水淀粉1汤匙

做法

1. 将莲藕洗净，去老皮，切片，放沸水锅中汆烫、捞出、备用；黄花菜用冷水泡开，去杂洗净，挤去水分，切段。

2. 锅置火上，放油烧热，先煸香葱花，再放入黄花菜段煸炒，加入水、盐，炒至黄花菜熟透，淋入水淀粉勾芡，出锅；将藕片与黄花菜略拌，重新装盘即可。

排骨汤面

（3人份）
热量：1138千卡

材料 猪排骨200克，细面条150克，青菜50克

调料 盐、醋各1茶匙

做法

1. 猪排骨斩成小块，放入冷水锅中，大火煮沸，加一点儿醋后继续煮半小时，关火，捞出排骨，留汤。

2. 将青菜洗净，切成小段；将细面条下入排骨汤中，开大火煮至沸腾时，加入青菜段，边搅拌边煮，5分钟后，加盐调味，熄火。

3. 汤面盛出后，把煮熟的排骨放入碗中即可。

套餐1：

山药炒皮蛋+白萝卜菜团子

"三高"人群所需能量盘点

白萝卜含丰富的维生素C和微量元素锌，有助于增强机体的免疫功能，提高抗病能力；而且白萝卜所含木质素，能提高巨噬细胞的活力，吞噬癌细胞。此外，萝卜所含的多种酶，能分解致癌的亚硝酸胺，具有防癌作用。白萝卜菜团子是一道经典美食，特别适合高血脂、高血压、高血糖人群食用。山药含有黏液蛋白，有降低血糖的作用，有利于治疗糖尿病，是糖尿病人的食疗佳品。这套早餐可以搭配大米粥食用。

需准备的食材

山药1根，皮蛋2个，玉米面250克，白面80克，白萝卜300克，发酵粉1茶匙，鸡蛋1个，葱、姜各适量。

头天晚上需要做好的工作

山药洗净，放入冰箱备用。白萝卜洗净，按照下页做法，蒸熟菜团子，晾凉，放入保鲜袋冷藏。

省时小窍门 （用时共计6分钟）

时间（分钟）	制作过程
2	菜团子从冰箱取出，放入微波炉加热3分钟
2	山药去皮，切块；皮蛋剥开，切块
2	炒锅烧热，炒好山药皮蛋，盛盘，上桌

山药炒皮蛋

（材料）山药1根，皮蛋2个，葱花5克
（调料）盐1/2茶匙，水淀粉2茶匙
（做法）
1.皮蛋剥开，切块；山药去皮，洗净，切块。
2.炒锅放入油烧热，爆香葱花，放入山药块、皮蛋块翻炒，淋少许水，盖盖炒至山药熟透，最后放入盐，用水淀粉勾芡即可。

（2人份）
热量：370千卡

白萝卜菜团子

（3人份）
热量：1196千卡

（材料）玉米面250克，白面80克，发酵粉1茶匙，白萝卜300克，鸡蛋1个，葱末、姜末各5克
（调料）盐2茶匙、香油1茶匙
（做法）
1.把玉米面、白面、发酵粉加适量的水和成面团（稍软些），发酵至面团中有均匀的气泡即可。
2.白萝卜洗净，去皮，擦丝，挤干。
3.鸡蛋炒熟后加盐、香油、葱末、姜末和白萝卜丝，拌成馅。
4.拿一块面放在手心放上馅，两只手慢慢团成圆形。
5.把包好的菜团子放入蒸锅蒸20分钟即可。

套餐2：

果脯冬瓜+香菇鸡肉粥

"三高"人群所需能量盘点

冬瓜含维生素C较多，且钾含量高，钠盐含量低，所以最适合需低钠食物的高血压人群食用，冬瓜中的粗纤维能刺激肠道蠕动，能使肠道里积存的有毒物质尽快排泄出去，并具有显著的降血脂、降血糖功效。香菇鸡肉粥能够为"三高"人群提供丰富的碳水化合物和优质蛋白质，可以搭配馒头、烧饼等主食食用。

需准备的食材

冬瓜200克，梅脯20克，鲜橙汁50毫升，大米50克，鲜香菇3朵，鸡胸肉100克。

头天晚上需要做好的工作

大米淘洗干净，放入电饭锅中，加入适量清水，盖上锅盖，接通电源，选择"煮粥"选项后按下"定时"键，在按下电饭锅"预约"键后输入设定好开始煮粥的时间，这个时间最好是第二天早餐开饭的前30分钟。果脯冬瓜按照下页做法，做好后装入密封容器，冰箱冷藏。

省时小窍门（用时共计10分钟）

时间（分钟）	制作过程
2	从冰箱中取出果脯冬瓜，装盘上桌；香菇、鸡胸脯肉分别洗净
3	取一小锅，加入适量水，大火煮沸，汆烫香菇后切丁；鸡胸肉切丝
2	炒锅放油烧热，把鸡肉丝炒熟，盛出，和香菇丁一起放入煮粥的电饭锅中，继续煮3分钟
3	粥锅中入盐和香油调味，盛出上桌

果脯冬瓜

〔材料〕 冬瓜200克，梅脯20克，鲜橙汁50毫升

〔调料〕 白糖1汤匙

〔做法〕

1. 冬瓜去皮和内瓤，先切成5毫米厚的片后，再把片切成4厘米长的条，洗净放入沸水锅中烫至刚熟时捞起，晾凉。

2. 容器中加冷开水200毫升、鲜橙汁、白糖、梅脯、冬瓜条浸泡至冬瓜入味。

（2人份）
热量：113千卡

（2人份）
热量：316千卡

香菇鸡肉粥

〔材料〕 大米50克，鲜香菇3朵，鸡胸肉100克

〔调料〕 盐1茶匙，香油1/2茶匙

〔做法〕

1. 将大米淘洗干净；鲜香菇去蒂，洗净，放入沸水中焯透，捞出，切丁；鸡胸肉洗净，切细丝。

2. 炒锅烧热，放入少许油，把鸡肉丝炒至变色盛出。

3. 锅内加适量清水置火上，放入大米中火煮沸，转小火煮烂，再放入香菇丁和鸡肉丝，用盐和香油调味即可。

套餐3：雪菜豆腐+青菜烫饭

"三高"人群所需能量盘点

"三高"人群在制作早餐时可选择豆腐，因为豆腐中含有一种耐热低分子化合物可以抑制胆固醇的合成；其所含的钙质与胆碱，具有促进胆固醇从肠道排泄、减少其吸收的作用；其所含的钙、钾等元素对预防和缓解冠心病、高血压也有好处。青菜含有丰富的纤维素，能增加饱腹感并可促进胆固醇的排出，搭配肉末、火腿食用，既能提供人体所需能量，又可控制血糖，降低胆固醇。

需准备的食材

雪菜200克，豆腐、肉末各100克，葱花、姜丝各5克，米饭300克，油菜200克，火腿肉100克，虾皮10克。

头天晚上需要做好的工作

米饭放入密封容器中，放入冰箱。油菜洗净，控水，用保鲜膜包好，放入冰箱冷藏。雪菜泡水后冲洗几遍，挤干，放入冰箱冷藏。

省时小窍门 （用时共计9分钟）

时间（分钟）	制作过程
3	肉末用酱油和料酒拌匀，腌制片刻；豆腐切丁，雪菜切碎；火腿肉切粒；虾皮用温水浸泡
3	炒锅烧热，炒好雪菜豆腐，盛出
3	炒锅清洗干净，倒入适量水，倒入米饭，烧开后放入火腿丁、油菜、虾皮，煮好，盛出

（2人份）
热量：332千卡

雪菜豆腐

材料 雪菜200克，豆腐、肉末各100克，葱花、姜丝各5克

调料 料酒、酱油各1茶匙

做法

1. 将雪菜泡水后挤干；豆腐切丁；肉末用料酒和酱油拌匀备用。
2. 炒锅中放入少许油，烧热，放入肉末炒至变色，放入葱花和姜丝。
3. 放入雪菜和豆腐丁，翻炒均匀即可。

青菜烫饭

（2人份）
热量：410千卡

材料 米饭300克，油菜200克，火腿肉50克，虾皮5克

调料 盐1茶匙，鸡精1/2茶匙

做法

1. 油菜洗净切成小碎丁；火腿肉切丁。
2. 将米饭倒入锅中，加水（没过米饭），大火烧开，然后将油菜丁、火腿丁、虾皮放入锅中一起煮，撒上盐、鸡精拌匀。
3. 水低于米饭表面时即可关火出锅。

家有糖尿病患者的早餐

糖尿病患者的早餐怎么吃

主食宜选择血糖指数低的粗粮

血糖指数是衡量碳水化合物对血糖反应的一种有效指标。如果吃了血糖指数高的食物，血糖浓度就会大幅升高，这对糖尿病患者是很不利的。通常粗大麦、糙米这些粗粮的血糖指数明显低于白米等细粮。这是因为粗粮含有丰富的膳食纤维，可以降低用餐后血糖升高的幅度。糖尿病患者很容易出现便秘，而膳食纤维能够有效促进肠蠕动，因此可以改善便秘，加快排出身体里的有毒物质。同时，吃粗粮能产生饱腹感。糙米及麸糠等粗粮中还富含镁、铬这样的微量元素，能让胰岛素更好地发挥作用，延缓糖尿病进展和并发症的发生。

牛奶、豆浆不能少

牛奶、豆浆含蛋白质和水分多，可补充糖尿病患者需要的钙质和优质蛋白质，特别是它们的血糖生成指数非常低，有稳定血糖的作用，适合作为糖尿病患者长期选用的早餐。对于有血脂紊乱的患者，宜选低脂牛奶，还可以根据实际情形添加一个清水煮鸡蛋，或者少量的瘦肉或鱼，再加适量的蔬菜就更趋合理了。

糖尿病患者喝粥要科学

糖尿病患者早餐吃粥要注重搭配，煮得很烂的粥会使血糖升高，但如果已经习惯喝粥，只需做到以下几点，也可以帮助控制血糖：

1.不宜进食太多、太烂的粥。

2.最好搭配牛奶、青菜、豆浆等，这些食物对稳定血糖有帮助。

3.大米可以搭配麦片一起煮粥，或者用小米、黑米、玉米等煮粥，后者由于是粗粮，纤维多，消化吸收时间长，都比白米粥要好。

糖尿病患者早餐食谱推荐

西洋参红枣粥

（2人份）
热量：407千卡

材料 大米100克，红枣5颗，西洋参10克

做法

1.将西洋参洗净，置清水中浸泡一夜。

2.西洋参切碎；红枣洗净。

3.将西洋参碎、红枣、大米及浸泡西洋参的清水一起倒入砂锅内，再加些清水，文火熬30分钟。

（2人份）
热量：342千卡

核桃仁拌芹菜

材料 芹菜150克，核桃仁50克

调料 盐1/2茶匙，香油1/4匙

做法

1.将芹菜去杂洗净，切成3厘米长的段，下沸水锅中焯2分钟后捞出，注意不要焯得太熟。

2.焯后的芹菜用凉水冲一下，沥干水分，放盘中，加盐、香油拌匀。

3.将核桃仁用热水泡后剥去薄皮，再用开水泡5分钟取出，放在芹菜上，吃时拌匀即成。

五谷黑白粥

(2人份)
热量：191千卡

材料 山药、大米、黑米各20克，小米、百合各10克

做法

*1.*将大米、小米、黑米均淘洗干净，放入锅内加水，大火煮开。

*2.*山药去皮，切丁；百合洗净，泡水，去杂质。

*3.*粥大火煮开后，放入山药丁、泡好的百合，转小火熬煮，至米烂粥稠即可。

(2人份)
热量：138千卡

凉拌莴笋丝

材料 莴笋150克，姜丝10克

调料 盐1茶匙，糖、醋、香油各1茶匙

做法

*1.*将莴笋去叶和皮，洗净，切成细丝，放入1/2茶匙盐，略腌后用水冲净。

*2.*与姜丝一同放入盘中，放入糖、醋、香油及剩下的盐，拌匀即可。

紫菜拌白菜心

（2人份）
热量：95千卡

材料 紫菜2片，白菜心150克，姜丝、蒜末各5克，熟芝麻2茶匙

调料 盐、糖、醋、香油各1茶匙

做法

1.紫菜手撕成条，用水泡开，捞出沥干水分，晾凉。

2.白菜心切丝和紫菜条混合，加入盐、糖、醋和香油拌匀。

3.姜切丝，蒜剁成末；起油锅，用小火炸香姜丝、蒜末，趁热浇在菜品上即可。

（2人份）
热量：218千卡

鸡蛋炒苦瓜

材料 苦瓜200克，鸡蛋2个，葱花、姜丝各5克

调料 盐、白糖各1茶匙

做法

1.将苦瓜去皮、去瓤、洗净，对剖成四瓣，再切成薄片，加入1/2茶匙盐腌制3分钟后挤出苦水，用清水反复清洗几次，备用。

2.鸡蛋打入碗中，搅散；坐锅点火，下油烧热，倒入鸡蛋液炒成蛋花，盛出待用。

3.锅中留少许底油烧热，先下葱花、姜丝炒香，再放入苦瓜片、鸡蛋、盐、白糖，翻炒均匀即可。

西蓝花炒蟹味菇

（2人份）
热量：51千卡

材料 蟹味菇、西蓝花各100克

调料 蒜汁2茶匙，盐1/2茶匙

做法

1.蟹味菇掰开，西蓝花掰成小朵，分别用盐水浸泡一会儿后，彻底洗净。

2.烧开水，将蟹味菇和西蓝花先后焯一下，捞出。

3.热锅倒油，倒入蟹味菇翻炒，倒入蒜汁炒匀。

4.倒入焯好的西蓝花，加盐，略炒即可出锅。

虾仁豆腐

（2人份）
热量：276千卡

材料 虾仁4只，豆花200克，鸡蛋1个

调料 盐1/2茶匙，高汤250毫升，水淀粉1汤匙

做法

1.鸡蛋打成蛋液；虾仁洗净后，在背部划一刀，裹上蛋液。

2.高汤烧开后，放入虾仁煮滚，加水淀粉勾芡后放入豆花，煮沸后加盐调味即可。

山药薏米红枣粥

（2人份）
热量：**743千卡**

材料 山药、薏米各100克，大米5 0克，红枣10颗

做法

1. 山药去皮切块；大米、薏米淘洗干净；薏米先用温水泡半小时；红枣泡软后，去核。

2. 将所有材料放入锅中，加适量水，煮开后再用小火煮至米烂即可。

山药炒甜椒

（2人份）
热量：**134千卡**

材料 山药200克，红椒、黄椒各半个，姜末5克

调料 盐1/2茶匙

做法

1. 山药去皮，洗净，切条；红椒、黄椒均洗净，去籽，切丝。

2. 炒锅放油烧热，用姜末炝锅，放入山药条翻炒，加少许水，炒至山药熟透。

3. 放入红椒丝、黄椒丝，大火快炒，放入盐调味即可。

紫米馒头

（2人份）
热量：860千卡

材料 紫米粉50克，面粉200克，白糖、酵母粉各2茶匙

做法

1.面粉和紫米粉放入盆中，把糖、酵母粉用温水稀释后，倒入面粉中，加温水拌匀，揉成较软的面团，发酵40分钟。

2.待看到面团中间形成很大的气泡时把面团取出，放在案板上，分成大小一样的面团，滚圆，饧10分钟。

3.再把面团滚圆，放入蒸锅进行二次发酵（30分钟），然后大火蒸熟。

（2人份）
热量：201千卡

枸杞南瓜饭

材料 枸杞10克，南瓜、大米各50克

做法

1.将枸杞子洗净；南瓜去皮，切成小块；大米洗净。

2.将所有材料一同放入锅内，加水焖饭，煲熟即可。

套餐1：
蒜蒸丝瓜+胡萝卜炒里脊

糖尿病患者所需能量盘点

研究显示，糖尿病患者相比健康人群体内胡萝卜素的含量偏低。在日常饮食中多吃胡萝卜及其他富含胡萝卜素的蔬菜，对预防糖尿病有极大的帮助。经常食用大蒜有提高正常人葡萄糖含量的作用，还可促进胰岛素的分泌和增加组织细胞对葡萄糖的利用，从而可使血糖下降。这套早餐搭配其他主食或汤粥食用，既能为糖尿病患者提供充足的营养，又能起到降低血糖的作用。

需准备的食材

丝瓜1根，大蒜1头，胡萝卜100克，里脊肉200克。

头天晚上需要做好的工作

将丝瓜洗净切块，覆膜冷藏；大蒜去皮，切末，覆膜冷藏。将里脊肉从冷冻室取出，切成丝，覆膜冷藏；胡萝卜洗净，覆膜冷藏。

省时小窍门 （用时共计11分钟）

时间（分钟）	制作过程
2	蒸锅放入适量水，大火烧开
3	丝瓜去皮，切块；胡萝卜切丝；肉丝用酱油、料酒拌匀，腌制5分钟
2	炒锅烧热，炒香一半蒜末，盛出，与另一半蒜末和调料调匀，倒在丝瓜盘中，放入蒸锅，大火蒸5分钟
3	炒锅入油烧热，炒里脊肉丝，盛出后再炒胡萝卜丝，炒熟后再放入肉丝，盛出装盘
1	蒜蒸丝瓜取出，上桌

蒜蒸丝瓜

（2人份）
热量：32千卡

材料 丝瓜1根，蒜末1汤匙

调料 盐、白糖、香油、水淀粉各1茶匙，油少许

做法

1.丝瓜洗净，去皮，切块。

2.炒锅放油烧热，下入一半的蒜末，炸至金黄，盛出，与另一半没炸的蒜末加盐、白糖、水淀粉调匀倒在丝瓜上。

3.蒸锅中倒入水，烧开，放入装丝瓜的盘子，大火蒸6分钟，取出，淋上香油即可。

（2人份）
热量：358千卡

胡萝卜炒里脊

材料 胡萝卜100克，里脊肉200克，蒜末10克

调料 料酒、酱油、水淀粉各2茶匙，盐1/2茶匙，油少许

做法

1.将里脊肉切丝，用酱油、料酒拌匀，腌5分钟；胡萝卜洗净后切细丝。

2.将油烧至八成热，爆香蒜末，放入肉丝炒匀，盛出备用。

3.锅中再放少许油，下入胡萝卜丝，翻炒约5分钟，把炒好的肉丝倒进去，翻炒均匀，加盐调味即可。

套餐2：

青椒豆腐丝+山楂银耳粥+韭菜炒豆芽

糖尿病患者所需能量盘点

糖尿病患者的饮食需要多方面注意，应多选择豆类及各种豆制品，每日饮食更不能缺少新鲜蔬菜和水果。山楂具有消食、降脂、降血压的功效，能有效预防糖尿病、高血压和高血脂，搭配大米和银耳煮粥，不仅能营养丰富，食疗效果显著，还能提供人体所需要的热量。青椒豆腐丝和韭菜炒豆芽，口感清爽，含糖量又非常低，非常适合糖尿病患者早餐食用。

需准备的食材

青椒150克，豆腐皮2张，山楂30克，银耳20克，大米50克，韭菜100克，绿豆芽50克。

头天晚上需要做好的工作

将青椒去蒂、籽，洗净；豆腐皮洗净，切成细丝，覆膜冷藏。绿豆芽去尾洗净，覆膜冷藏；韭菜洗净沥干，覆膜冷藏。将大米淘洗干净后倒入电饭锅中，加入清水，盖上锅盖，接通电源，选择"煮粥"选项后按下"定时"键，在按下电饭锅"预约"键后设定好开始煮粥的时间，这个时间最好是第二天早餐开饭的前30分钟。

省时小窍门（用时共计13分钟）

时间（分钟）	制作过程
2	山楂去核，切片；银耳用温水泡发，洗净，撕成小朵。把山楂和银耳放入粥锅中，搅拌均匀，再煮5分钟
2	取一小锅，烧沸适量水，汆烫豆腐丝
2	韭菜切段；青椒切丝
3	炒锅入油烧热，炒青椒豆腐丝，盛出
3	炒锅洗净，入油烧热，炒韭菜豆芽
1	山楂银耳粥搅拌均匀，盛出，上桌

青椒豆腐丝

材料 青椒150克，豆腐皮2张

调料 盐1/2茶匙，香油、味精各1/4茶匙

做法

1.青椒洗净，去籽，切丝；豆腐皮洗净，切丝。

2.将青椒丝、豆腐丝分别放入沸水中，焯一下后捞出，沥干水分装盘。

3.在盘里加入香油、盐、味精，拌匀即可。

（2人份）
热量：73千卡

（2人份）
热量：334千卡

山楂银耳粥

材料 银耳20克，山楂30克，大米50克

调料 冰糖10克

做法

1.银耳放入清水泡发，洗净，撕成小朵。

2.山楂洗净，去籽，切小丁；大米淘洗干净。

3.锅中放入适量水，煮沸，放入大米大火煮沸，加入山楂、银耳、冰糖，小火续煮20分钟即可。

韭菜炒豆芽

（2人份）
热量：39千卡

材料 韭菜100克，绿豆芽100克，姜丝5克

调料 酱油1茶匙，盐1/2茶匙

做法

1.先将绿豆芽、韭菜彻底洗净，韭菜切成3厘米长的段。

2.锅中放油烧至七成热，爆香姜丝后放入绿豆芽和韭菜段一起翻炒，加入酱油、盐，再炒几下，炒匀即可。

套餐3：

西米甜瓜粥+尖椒炒鸡蛋+海米拌菠菜

糖尿病患者所需能量盘点

甜瓜含有大量的碳水化合物及柠檬酸、胡萝卜素和维生素C等，且水分充沛，可生津解渴，与西米搭配煮粥，可能一道非常特别的美食。尖椒含有的辣椒素能提高胰岛素的分泌量，能调节葡萄糖代谢的激素，可以显著降低血糖水平，非常适合糖尿病患者食用。

需准备的食材

大米50克，西米200克，甜瓜100克，尖椒150克，鸡蛋2个，菠菜150克，海米10克。

头天晚上需要做好的工作

甜瓜洗净；尖椒去籽，洗净，全部放入冰箱冷藏；海米用温水泡软。

省时小窍门 （用时共计12分钟）

时间（分钟）	制作过程
2	西米用水浸泡；大米洗净；甜瓜去皮，去瓤，切丁
3	大米下锅，加适量水，大火煮沸
2	取另一锅放入适量水煮沸，汆烫菠菜后取出，切段；放入海米和调料，拌匀
3	尖椒切块，鸡蛋打散，炒锅烧热，炒熟
2	甜瓜、西米均放入粥锅中，继续煮2分钟，熄火，盛出

西米甜瓜粥

（2人份）
热量：903千卡

材料 西米200克，甜瓜100克，大米50克

做法

1.将甜瓜洗净，刮去瓜皮，去除内瓤，切小丁；西米放入沸水锅内煮，稍滚后捞出；大米用冷水浸泡片刻，沥干水分。

2.取锅加入大米和适量水，烧沸后改用小火熬煮成粥，最后加入西米、甜瓜块，用旺火烧沸即可。

（2人份）
热量：437千卡

尖椒炒鸡蛋

材料 尖椒150克，鸡蛋2个，姜丝5克

调料 料酒2茶匙，胡椒粉、盐各1/2茶匙

做法

1.尖椒洗净，去籽，去白筋，切小粒。

2.鸡蛋打散，加入料酒、胡椒粉、盐，搅拌均匀，放入切碎的尖椒，拌匀。

3.锅中油烧热，放入姜丝爆香，把调好的蛋液倒入锅中，翻炒均匀即可。

海米拌菠菜

材料 菠菜150克，海米10克

调料 盐2克，香油少许

（2人份）
热量：57千卡

做法

1.菠菜择洗干净，放入沸水中汆烫（水中加少许盐和油），过凉水挤干。

2.海米用温水泡软；将菠菜切段，码放盘中。

3.菠菜段中撒入海米，加盐、香油，拌匀即可。

家有瘦身者的早餐

瘦身者的早餐怎么吃

饮食瘦身是控制脂肪热量持续过多摄入的关键。一天之计在于晨，减肥早餐更成了饮食瘦身的重中之重，要减肥瘦身必得重视起早餐。

瘦身者要吃含脂肪少的早餐

瘦身者早餐要选择含脂肪少的食品，比如谷类食物，举例来说，涂有黄油、果酱和奶酪的小面包，另加一个鸡蛋的早餐组合所含的脂肪量比全脂牛奶、水果和谷类食物的早餐脂肪量高约7倍。一顿好早餐应包括这三样东西：谷类食品（如未去麦的粗面粉面包、八宝粥、黑米面包、窝窝头、茴香菜包等）、水果和奶制品。这样的早餐可以帮助瘦身者在无需大量摄取脂肪的同时，补充足够的碳水化合物、维生素和矿物质。

早餐要喝鲜榨果汁

早餐应喝新鲜现榨的果汁，因为新鲜的果汁更富含天然营养成分，如各种维生素、矿物质等，同时水果所含的纤维可以帮助你增添饱腹感，克服饥饿的痛苦直到午饭。

不要不吃早餐

大多数人当匆匆忙忙赶去上班时，早餐往往就成了他们生活中可有可无的事情了。如果你的生活也是如此，那就大错特错了！对每一个人来说，一顿营养均衡的早餐的作用是非常大的，如果你想要有体力有毅力地完成减肥计划，早餐是一天中减肥饮食必不可少的环节。每天坚持早一点儿起床，自己来做早餐，把粗粮、面包、蔬菜、果汁多种食材搭配，这样的生活方式既享受又能瘦身。

瘦身者早餐食谱推荐

酸奶麦片

材料 酸奶150毫升，麦片30克，杏仁片、蔓越莓各10克，白砂糖10克

做法

1. 把酸奶倒入碗中，撒入5克白砂糖，搅拌均匀。

2. 放入麦片和杏仁片，撒上蔓越莓，和剩下的白砂糖搅拌均匀。

（2人份）
热量：247千卡

冰糖蒸香蕉

（2人份）
热量：91千卡

材料 香蕉1~2根

调料 冰糖少许

做法

1. 香蕉去皮切片，放入盘中。

2. 撒上冰糖，放入锅中，隔水蒸10分钟即可。

豆芽香芹

材料 绿豆芽150克，香芹100克

调料 醋、白糖各1茶匙，盐、味精各1/2茶匙

（2人份）
热量：47千卡

做法

1. 绿豆芽洗净，掐去两头，留中间白梗待用。

2. 香芹去掉老叶，洗净，切成寸段。

3. 把香芹段、绿豆芽分别焯熟后过冷水，然后加入白糖、醋、盐、味精拌匀即可。

（2人份）
热量：268千卡

芹菜炒腐竹

材料 芹菜200克，腐竹50克，葱花、姜末各5克

调料 盐1/2茶匙，生抽、料酒2茶匙

做法

1. 将腐竹用温水泡发，沥去水分，入沸水锅中焯透，后切成3厘米长的段；芹菜洗净，斜切成条，入沸水锅中汆烫一下盛出。

2. 炒勺上火，放油烧至六成热，爆香葱花、姜末，加腐竹段、芹菜段，不断翻炒，放适量清水，加盐、生抽、料酒，翻炒均匀即可。

魔芋南瓜汤

材料 南瓜150克，魔芋100克
调料 盐、胡椒粉、香油各1/2茶匙
做法

1. 南瓜洗净，去籽，切块；魔芋切块。

2. 锅中水烧开，放入南瓜块煮10分钟，再放入魔芋块续煮5分钟，加盐、胡椒粉、香油调味即可。

（2人份）
热量：44千卡

（2人份）
热量：97千卡

香辣黄瓜花生沙拉

材料 黄瓜2根，香菜10克，花生碎30克
调料 白醋、白糖各1茶匙，甜辣酱1汤匙
做法

1. 黄瓜洗净，去皮，对半切开，再切成薄片，盛盘；香菜择洗干净，切段。

2. 将白糖和白醋倒入小碗内混合，搅拌至白糖溶化，倒在黄瓜片上，撒入花生碎，再加入甜辣酱、香菜段，拌匀腌制45分钟即可。

丝瓜鸡肉粥

（2人份）
热量：**228千卡**

材料 大米50克，熟鸡胸肉30克，丝瓜50克

调料 盐1/2茶匙，香油1/4茶匙

做法

1.丝瓜去皮洗净，切条；熟鸡胸肉撕成条。

2.大米淘洗干净；锅中放入适量水，煮沸。

3.把米放入锅中煮至熟烂，放入丝瓜、熟鸡胸肉煮滚，加盐、香油调味。

（2人份）
热量：**573千卡**

泡菜饼

材料 韩式泡菜1袋，鸡蛋2个，中筋面粉100克，培根2条，香菜、小葱各10克，蒜2瓣

调料 油少许

做法

1.培根、泡菜、香菜、小葱全部切成小丁，蒜切成末，全部混合备用。

2.在盆中筛入面粉，慢慢加入清水，顺着一个方向搅拌至糊状；再加入鸡蛋，继续搅拌均匀。

3.平底锅烧热，放入少许底油。舀一勺面糊放入锅中，晃动锅至面饼摊薄，把面饼摊至两面金黄即可。

（2人份）
热量：508千卡

黑木耳红枣粥

材料 黑木耳50克，大米100克，红枣5颗

调料 冰糖适量

做法

1. 将黑木耳用凉水浸软，洗净捞出，切丝；红枣洗净；大米淘洗干净。

2. 锅置火上，放入适量清水烧开，然后放入大米、黑木耳、红枣，煮粥，粥熟后加入冰糖，煮至冰糖溶化。

苦瓜炒三菇

（2人份）
热量：127千卡

材料 香菇、草菇、蘑菇各4个，苦瓜1根

调料 盐、蚝油、白糖各1茶匙，鸡精、香油各1/2茶匙，水淀粉1汤匙

做法

1. 香菇、蘑菇、草菇均洗净切片；苦瓜洗净，去籽，切斜片，用盐腌制10分钟后拌入白糖、鸡精和香油。

2. 炒锅倒油烧热，下入苦瓜片、全部菇片，翻炒几下，淋入蚝油，加水和白糖，最后用水淀粉勾芡即可。

（2人份）
热量：182千卡

番茄西米粥

材料 西米50克，番茄1个

调料 白糖2茶匙，糖桂花1/2茶匙

做法

*1.*番茄去蒂洗净，用开水略烫，撕去外皮，切丁备用。

*2.*西米洗净，用清水浸泡30分钟，至米粒吸水膨胀。

*3.*锅置火上，放入清水烧开，放入西米、番茄丁、白糖，煮沸后改用小火煮20分钟，熟后盛入碗中，撒上糖桂花即可。

套餐1：

萝卜丝汤+蛋炒饭

瘦身者所需能量盘点

这套针对瘦身者制定的早餐富含碳水化合物、粗纤维和蛋白质，它既能补充身体所需能量，又不致增加肠胃负担。白萝卜含有芥子油和淀粉酶，有助于消化和脂肪类食物的新陈代谢，可防止皮下脂肪的堆积，同时也有通气和促进排便的作用。

需准备的食材

白萝卜200克，米饭200克，葱白1/2根，鸡蛋2个。

头天晚上需要做好的工作

白萝卜去蒂洗净，覆膜冷藏，米饭放入密封容器或覆上保鲜膜放入冰箱冷藏。

省时小窍门 （用时共计10分钟）

时间（分钟）	制作过程
2	白萝卜去皮，切丝；切好葱末
3	锅中放入适量水，加入白萝卜丝大火煮沸
1	米饭撒盐拌匀，鸡蛋打散；葱白切粒
3	炒锅入油烧热，倒入蛋液翻炒，盛出，再倒入米饭翻炒均匀，再倒入炒好的鸡蛋和葱白翻炒均匀
1	汤锅中加入葱末，淋香油熄火

萝卜丝汤

（2人份）
热量：26千卡

材料 白萝卜200克，葱末、姜末各5克

调料 盐1茶匙，香油1/2茶匙

做法

1. 白萝卜洗净，先切片再切丝。
2. 锅中放入少许油，烧热，爆香姜丝，放入萝卜丝翻炒1分钟，锅内加适量清水煮沸，撇去浮沫，煮至萝卜丝熟透时放盐调味，撒入葱末，淋香油即成。

（2人份）
热量：374千卡

蛋炒饭

材料 米饭200克，葱白半根，鸡蛋2个

调料 盐1茶匙

做法

1. 米饭撒入盐拌匀，备用；鸡蛋打散，葱白切粒。
2. 炒锅油烧热，下入鸡蛋液炒熟，盛出；再倒入少许油，烧热，下入米饭，翻炒匀，再放入炒好的鸡蛋翻炒，最后下入葱花，翻炒均匀即可。

套餐2：

馒头（购买）+紫甘蓝粥+香辣黄瓜

瘦身者所需能量盘点

黄瓜中所含的丙醇二酸，可抑制糖类物质转变为脂肪。黄瓜中的纤维素对促进人体肠道内腐败物质的排出，以及降低胆固醇有一定作用，搭配辣椒食用，更能起到消除身体脂肪的作用。辣椒所含的辣椒素，能够促进脂肪的新陈代谢，防止体内脂肪积存，有利于降脂、减肥、降低胆固醇，辣椒还具有消耗体内脂肪的功能，且富含维生素，热量也较低。

紫甘蓝粥含有丰富的碳水化合物，可以搭配面包或馒头食用。

需准备的食材

大米100克，紫甘蓝50克，黄瓜2根，干辣椒3个，馒头2个。

头天晚上需要做好的工作

大米淘洗干净，放入电饭锅中，加入适量清水，盖上锅盖，接通电源，选择"煮粥"选项后按下"定时"键，在按下电饭锅"预约"键后设定好开始煮粥的时间，这个时间最好是第二天早餐开饭的前30分钟。

省时小窍门（用时共计10分钟）

时间（分钟）	制作过程
2	黄瓜洗净，切小块，放入盐腌5分钟
1	馒头放入微波炉中加热
3	紫甘蓝洗净，切丝，放入煮好的粥中，再煮2分钟，加盐调味，盛出
1	黄瓜块冲水；姜丝切好备用
3	炒锅烧热油，炸香花椒，浇在黄瓜块上，加入调料拌匀

紫甘蓝粥

(2人份)
热量：355千卡

材料 大米100克，紫甘蓝50克

调料 盐1/2茶匙

做法

1. 大米淘洗干净；紫甘蓝洗净，切丝。

2. 将锅中的水煮沸，放入大米煮烂，再放入紫甘蓝丝煮3分钟，加盐调味即可。

(2人份)
热量：85千卡

香辣黄瓜

材料 黄瓜2根，干辣椒3个，姜丝5克

调料 花椒、糖、香油各1茶匙，盐1/2茶匙

做法

1. 黄瓜洗净，斜刀切成小块，放入盐腌5分钟后，冲去咸味。

2. 将姜丝撒在腌过的黄瓜块上；干辣椒切碎。

3. 锅置火上，倒入香油，放入花椒炸出香味，放入干红辣椒，炸出香味后熄火，浇在黄瓜上，再加入白糖，拌匀即可。

套餐3：

西芹苹果汁+鲜虾芦笋沙拉

瘦身者所需能量盘点

早上喝上一杯鲜榨的蔬果汁，能唤醒沉睡的肠胃，给身体以新鲜的养分。西芹和苹果含有大量膳食纤维，既能为身体补充大量维生素C，增加饱腹感，又可加速肠道的蠕动，特别适合瘦身者食用。鲜虾芦笋沙拉能够提供身体所需优质蛋白质，还能增强血管的弹性，在瘦身的同时可保证您身体营养的均衡摄取。

需准备的食材

西芹1根，苹果1个，柠檬半个，蜂蜜适量，虾仁100克，芦笋100克。

头天晚上需要做好的工作

西芹去叶，洗净；芦笋去除硬根，洗净，分别包上保鲜膜放入冰箱冷藏。虾仁自然解冻。

省时小窍门 （用时共计10分钟）

时间（分钟）	制作过程
2	西芹、苹果取出，西芹切段，苹果去核切小块；柠檬对半切开
3	西芹、苹果放入榨汁机，榨汁过滤，柠檬挤汁
3	锅中放入适量水，大火煮沸，汆烫芦笋、虾仁，盛出，芦笋切段
2	芦笋、虾仁放入碗中，调入盐、香油，拌匀上桌

西芹苹果汁

材料 西芹1根，苹果1个，柠檬半个，蜂蜜适量，凉开水适量

做法

1. 西芹洗净去叶，切段；苹果去皮（也可不去），去核，切块；柠檬切半。

2. 把西芹段、苹果块放入榨汁机，加入适量凉开水，榨汁后过滤至杯中，把柠檬汁直接挤入杯中，加入蜂蜜调匀即可。

（2人份）
热量：71千卡

（2人份）
热量：106千卡

鲜虾芦笋沙拉

材料 虾仁100克，芦笋100克

调料 盐、香油各1/2茶匙

做法

1. 芦笋洗净，入沸水中（水里加一点儿盐和食用油）氽烫后过水，沥干切段；虾仁洗净，去除肠线，放入焯芦笋的锅中，氽烫至熟后盛出。

2. 将虾仁、芦笋放入容器中，调入盐、香油拌匀即可。

家有素食人群的早餐

素食人群的早餐怎么吃

素食者早餐必备三类食物

1.含碳水化合物的食物。面包、馒头、花卷、豆包、米粥、面条、麦片、包子、馄饨、饼干等都是含碳水化合物的食物。碳水化合物是血液中葡萄糖的主要来源，是大脑所需能源最直接、最快捷的供应体，是素食者早餐不可缺少的成分。

2.含蛋白质的食物。牛奶、酸奶、鸡蛋、咸鸭蛋、豆浆等均是富含蛋白质的食物。

素食者不吃富含蛋白质的动物性食物，可以吃一些豆制品或芝麻、核桃等坚果，也可增加蛋白质的摄入量。

3.含维生素和矿物质的食物。新鲜的蔬菜和水果富含维生素和矿物质，早餐摄入一定量的维生素和矿物质，是对素食者早餐质量的提升，且更有利于营养均衡。这样，营养早餐应具备的三类食物都有了，即使是素食，摄入的营养仍全面而均衡，完全能满足一般生活和工作的需求。

素食者夏季早餐可吃些燕麦

夏季是一年中气温最高的季节，人体的新陈代谢十分旺盛，好多人在炎热的夏天常常出现食欲不振的情况。那么夏季素食者的早餐该吃些什么比较营养健康呢？营养师建议清淡饮食，早餐时最好吃些燕麦，同时吃一些豆制品、蔬菜或水果，这样营养早餐所具备的营养素就基本都有了，而且营养比较均衡。早餐时吃燕麦的好处是，燕麦富含碳水化合物和膳食纤维，独特的水溶性纤维 β–葡聚糖会延长碳水化合物的消化时间，不仅能持续稳定地提供能量，更能使人保持充沛的精力。

素食人群早餐食谱推荐

家常炒饼

（2人份）
热量：532千卡

材料 烙饼200克，圆白菜100克，葱花、姜丝各5克

调料 盐、味精各1/2茶匙

做法

1.把烙饼切成细丝；圆白菜洗净，切丝备用。

2.炒锅中放油，烧热后先把饼丝放入煸炒，炒至部分变成黄色时盛出。

3.炒锅中再放油烧热，爆香葱花、姜丝，放入圆白菜丝，加盐、味精略炒，把炒好的饼丝放进去，盖上锅盖，稍焖一会儿，把圆白菜丝和饼丝搅拌均匀即可。

（2人份）
热量：294千卡

杏仁拌三丁

材料 西芹100克，杏仁50克，黄瓜80克，胡萝卜20克

调料 盐、香油各1茶匙

做法

1.杏仁洗净；黄瓜、西芹、胡萝卜均洗净，切成丁。

2.锅内倒水，加入1/2茶匙盐煮沸，分别汆烫杏仁、西芹丁、胡萝卜丁，捞出冲凉。

3.将杏仁、西芹丁、胡萝卜丁、黄瓜丁放入盘中，加盐、香油拌匀即可。

红油香菇腐竹丝

材料 腐竹100克，香菇50克，葱末、姜末、蒜末各10克

调料 辣椒粉、白糖、酱油、醋、盐各1/2茶匙

做法

1. 将腐竹和香菇浸水泡软，腐竹切段，香菇切块。

2. 锅内倒油烧至微热时，放入辣椒粉，炒出红油味，放葱末、姜末、蒜末煸香。

3. 放入香菇块和腐竹段翻炒，加白糖、酱油、醋、盐，用小火炒至入味即可。

（2人份）
热量：554千卡

（2人份）
热量：51千卡

清炒菜花

材料 菜花200克，蒜末5克

调料 盐1茶匙，味精、白糖各1/2茶匙

做法

1. 菜花洗净，掰成小块，锅中放入适量水和1/2茶匙盐煮沸，汆烫菜花，捞出，用水冲洗干净，沥干。

2. 锅中放少许油烧热，爆香蒜末，下菜花炒熟，用盐、味精、白糖调味即可。

燕麦南瓜粥

（2人份）
热量：326千卡

材料 燕麦30克，大米50克，南瓜150克，葱花5克

调料 盐1/2茶匙

做法

1.南瓜洗净，削皮，切成小块；大米洗净、放入锅中，加水500毫升，大火煮沸后转小火煮。

2.放入南瓜块，小火煮10分钟，再加入燕麦，继续用小火煮至南瓜软烂，熄火后加盐、葱花调味即可。

（2人份）
热量：416千卡

白菜心拌豆腐丝

材料 白菜心100克，豆腐丝200克

调料 醋1汤匙，盐1茶匙，香油1/2茶匙

做法

1.白菜心洗净切丝；豆腐丝在开水中烫一下，捞出沥干水分。

2.把白菜丝和豆腐丝放入盘中，加入盐、醋、香油，拌匀即可。

炒豆腐干五丁

（2人份）热量：436千卡

材料 豆腐干250克，冬笋50克，水发冬菇25克，胡萝卜、黄瓜各50克，葱花、姜末各5克

调料 料酒1汤匙，盐1/2茶匙，香油、味精各1/4茶匙

做法

1. 将豆腐干、冬笋洗净；冬菇去蒂洗净；胡萝卜去皮洗净；黄瓜洗净。将上述原料均切丁，冬笋、胡萝卜分别放入沸水锅中焯烫后捞出，控干水分备用。

2. 炒锅放油，烧热后爆香葱花、姜末，陆续加入豆腐干丁、冬菇丁、冬笋丁、胡萝卜丁、黄瓜丁煸炒，加入料酒、盐、味精调味，出锅前淋入香油即可。

（2人份）热量：506千卡

红豆红薯粥

材料 红豆1杯，大米100克，红薯1个
调料 牛奶或椰奶少量（可不放）

做法

1. 红薯去皮后切成小块，浸在水中去除浮沫。

2. 将红豆煮至六分熟时，加大米、红薯入锅中，用小火煮至软烂，并不时去除浮沫。

3. 把牛奶或椰奶加入粥中同煮5分钟即可。

（2人份）
热量：171千卡

重庆小拌面

材料 细面条1小把，碎粒榨菜10克，姜末、蒜蓉、香葱粒各5克

调料 酱油1汤匙，红油辣椒、花椒油各2茶匙，香油1/2茶匙

做法

1.在一只碗内放入姜末、蒜蓉、碎粒榨菜，调入酱油、花椒油和红油辣椒，调拌均匀。

2.煮锅烧开水，下入面条煮熟。期间加一两次凉水，直至面条无硬心，需3～5分钟。

3.将煮好的面条捞出，沥掉多余水分，放入调好料的碗内拌匀，淋上香油，撒上香葱粒即可。

（2人份）
热量：87千卡

蒜蓉菜心

材料 菜心300克，大蒜30克

调料 盐、白糖各1茶匙，胡椒粉1/2茶匙

做法

1.菜心洗净，控干水分，切段；大蒜剁成蓉。

2.锅中烧油，炒香蒜蓉，将菜心段下锅，炒至菜心变软，加盐、白糖、胡椒粉，炒匀即可。

套餐1：

冰糖红枣粥+赛香瓜+煮鸡蛋

素食者所需能量盘点

红枣具有补虚益气、养血安神、健脾和胃等功效，民间有"一日食仨枣，百岁不显老""要使皮肤好，粥里加红枣"之说。红枣中所含的维生素C是一种活性很强的还原性抗氧化物质，参与体内的生理氧气还原过程，防止黑色素在体内慢性沉淀，可有效地减少色素斑的产生。早上喝上一碗冰糖红枣粥，能够增加人的饱腹感，再搭配酸甜可口的赛香瓜和适量主食使这套早餐成为一套非常合理的素食营养早餐。

需准备的食材

大米100克，红枣10颗，冰糖20克，梨半个，山楂糕50克，黄瓜半根，白糖2茶匙，鸡蛋1个。

头天晚上需要做好的工作

大米淘洗干净；倒入电饭锅中，加入适量清水，盖上锅盖，接通电源，选择"煮粥"选项后按下"定时"键，在按下电饭锅"预约"键后设定好开始煮粥的时间，这个时间最好是第二天早餐开饭前1小时。将梨、黄瓜洗净，分别覆膜冷藏；红枣洗净。鸡蛋煮好。

省时小窍门 （用时共计10分钟）

时间（分钟）	制作过程
2	红枣洗净，去核，放入煮好的粥中继续煮5分钟
3	将梨、黄瓜、山楂糕分别切丝，装盘，撒上白砂糖拌匀
3	把鸡蛋煮好
1	粥搅拌均匀，盛出，上桌

（2人份）
热量：497千卡

冰糖红枣粥

材料 大米100克，红枣10颗

调料 冰糖15克

做法

1.红枣洗净去核；大米淘洗净，入清水泡至米粒充分吸水膨胀。

2.将大米、红枣与适量清水一同放入锅中，以大火煮沸，再转小火熬煮至米烂粥稠，出锅前加入冰糖调味，至糖化即可。

（2人份）
热量：211千卡

赛香瓜

材料 梨半个，山楂糕50克，黄瓜半根

调料 白糖2茶匙

做法

1.将梨、黄瓜洗净，去皮，切丝；山楂糕切丝。

2.将切好的三丝一同装盘，撒上白糖拌匀即可。

套餐2: 红枣花卷(购买)+薯丁炒玉米+绿豆芽拌蛋皮丝+豆浆(购买)

素食者所需能量盘点

这套早餐中的红枣花卷富含碳水化合物，能为身体提供必需能量，红枣还可以起到补充铁元素的作用；豆浆富含优质蛋白质，是素食者补充蛋白质的优选食物；玉米、红薯、青椒、绿豆芽中富含维生素、矿物质与膳食纤维，可以为素食者提供足够的营养。

需准备的食材

鲜玉米粒200克，红薯150克，青椒50克，枸杞10克，鸡蛋3个，绿豆芽200克，豆浆1袋，红枣花卷2个。

头天晚上需要做好的工作

将玉米粒洗净，再用沸水焯一下，捞出沥水，覆膜冷藏；将红薯洗净去皮，切成同玉米粒大小的方丁，覆膜冷藏；枸杞用温水泡发，覆膜冷藏；将绿豆芽去根洗净，覆膜冷藏。

省时小窍门 （用时共计11分钟）

时间（分钟）	制作过程
2	从冰箱取出红枣花卷，放入微波炉加热1分钟；鸡蛋打散，青椒洗净，去籽，切丝
2	取一小锅，烧沸适量水，汆烫豆芽，捞出，沥干备用
2	平底锅入油烧热，倒入蛋液，做好蛋皮，盛出晾凉
3	炒锅烧热，炒薯丁玉米
2	蛋皮切丝，与豆芽放入盘中，加调料拌匀

薯丁炒玉米

（2人份）
热量：402千卡

材料 鲜玉米粒200克，红薯150克，青椒50克，枸杞10克

调料 盐、水淀粉各1茶匙，胡椒粉、鸡精各1/2茶匙

做法

1.玉米粒洗净用沸水焯一下，捞出沥水；将红薯洗净去皮，切成同玉米粒大小的方丁；青椒去蒂及籽，洗净切小丁；枸杞用温水泡发。

2.锅中留少许底油，下青椒丁和玉米粒略炒，再放入红薯丁翻炒，加入盐、鸡精、胡椒粉炒熟，下枸杞炒匀，用水淀粉勾芡即可。

（2人份）
热量：246千卡

绿豆芽拌蛋皮丝

材料 鸡蛋3个，绿豆芽200克

调料 酱油1茶匙，盐、味精、香油各1/2茶匙

做法

1.将绿豆芽去根洗净，在开水中汆一下，沥干水分，放入盘中。

2.将鸡蛋打散，倒入热油锅中摊成蛋皮晾凉，切成细丝，放入盛绿豆芽的盘中。

3.在盘中加入酱油、盐、味精、香油，调好味，拌匀即可。

套餐3：
松仁燕麦粥+葱爆黑木耳+生菜豆腐汤

素食者所需能量盘点

素食者早餐选择果仁、燕麦、黑木耳和蔬菜是非常合理、科学的，燕麦富含碳水化合物和膳食纤维，其独特的水溶性纤维β－葡聚糖会延长碳水化合物的消化时间，不仅能持续稳定地提供能量，更能使人保持充沛的精力。芥菜含有大量的抗坏血酸，是活性很强的还原物质，它参与机体重要的氧化还原过程，能增加大脑中的氧含量，激发大脑对氧的利用，有提神醒脑，解除疲劳的作用。黑木耳含有木耳多糖，具有提高免疫力的作用。

需准备的食材

松仁、燕麦各20克，大米50克，黑木耳20克，葱20克，姜5克，生菜250克，豆腐100克。

头天晚上需要做好的工作

大米淘洗干净；倒入电饭锅中，加入适量清水，盖上锅盖，接通电源，选择"煮粥"选项后按下"定时"键，在按下电饭锅"预约"键后设定好开始煮粥的时间，这个时间最好是第二天早餐开饭前1小时。黑木耳泡入水中，荠菜洗净，控水，放入冰箱冷藏；枸杞放入碗中，加水浸泡。

省时小窍门 （用时共计10分钟）

时间（分钟）	制作过程
2	把燕麦、松仁放入煮好的粥中，再煮3分钟
3	锅中放入适量水大火煮沸，汆烫荠菜，捞出冲水沥干；黑木耳洗净，放入锅中汆烫后捞出，撕成小朵；芥菜切碎
3	另取一锅放入适量水，大火煮沸；炒锅烧热，炒制葱爆黑木耳，盛出装盘
3	芥菜、枸杞下入煮沸的水中，再煮沸，勾芡，调味，熄火

（2人份）
热量：394千卡

松仁燕麦粥

材料 松仁、燕麦各20克，大米50克

调料 冰糖1汤匙

做法

1. 将松仁、大米均洗净。

2. 在煮锅里加上适量的水，放入大米煮沸，待开锅后放入燕麦和松仁，改用中小火一直熬至黏稠，吃时可加冰糖调味。

（2人份）
热量：81千卡

葱爆黑木耳

材料 黑木耳20克，葱20克，姜5克

调料 花椒1茶匙，盐、味精各1/2茶匙

做法

1. 黑木耳用温水泡开，洗净后用手撕成小朵；姜切末，葱切段。

2. 锅内放油烧至五成热，倒入姜末、花椒，煸至出香味，放入黑木耳，快速翻炒2分钟，再放入葱段大火翻炒，撒盐、味精即可。

（2人份）
热量：49千卡

生菜豆腐汤

材料 生菜250克，豆腐100克

调料 盐1克，胡椒粉2克

做法

*1.*生菜择洗干净，撕成小片；豆腐切块。

*2.*锅中放入清水、豆腐块煮沸，放入生菜片和胡椒粉，大火煮2分钟，加盐即可。

第四章
家庭四季营养早餐

春季排毒早餐

春季排毒早餐怎么吃

排毒早餐科学配比

春季排毒早餐的科学配比大体上是水果、蔬菜、红薯、杂粮分别为1：2：1：1，也就是1份水果+2份蔬菜+1份红薯+1份杂粮。

排毒早餐水果的选择

适合作为春季早餐的水果，包括苹果、番石榴、香蕉、橙子、梨等，但需注重必须符合当地、当季、盛产的原则。

排毒早餐蔬菜的选择

蔬菜是碱性的，所以我们摄取的比例可多一些，约占两份，这样才能保证身体的酸碱达到平衡。最适合做排毒早餐的蔬菜有菠菜、油菜、小白菜、辣椒、芦笋、芹菜、莴笋、野菜（荠菜、马兰菜等）、鲜藕、南瓜、胡萝卜、菜花等黄绿色蔬菜以及黑木耳、香菇、土豆、芋头、甘蓝。

排毒早餐杂粮的选择

最适合做早餐的杂粮有大米、小米、糯米、高粱米、薏仁等。

早餐排毒养颜三件宝

春季是万物生发的时节，也是女性排毒养颜的好时节，以下三种食材是女性在春季宜选择的：

芦笋。芦笋所含蛋白质、碳水化合物、多种维生素和微量元素，优于普通蔬菜，是排毒佳品。

海苔。海苔的蛋白质、矿物质和维生素的含量极其丰富，被人们称为"维生素的宝库"，而且多吃海苔可以补碘，加强身体代谢功能。

甘蓝叶。食用甘蓝叶，除了能从中摄取大量的钙、维生素D以外，还能摄取维生素K，食品营养学家认为，维生素K对骨头有很强的保护作用，经常食用有利尿排毒等功效。

一周采买食材清单

一周早餐最佳搭配

周一早餐	奶香馒头+菠菜鸡蛋小米粥+草莓拌黄瓜+火腿
周二早餐	萝卜干炒饭+薏仁红豆鸡汤
周三早餐	**麻酱花卷+糯米麦粥+生菜肉卷+黄瓜蘸酱**
周四早餐	韭菜糊饼+凉拌萝卜缨+苹果
周五早餐	杂菌炒丝瓜+荞麦蛋汤面
周六早餐	五香鸡翅家+凉拌芹菜叶+鸭血豆腐汤+豆干辣炒双韭+家常肉丝炒面
周日早餐	葱油拌面+蔬菜豆皮卷+木耳香葱爆河虾+白菜粉丝豆腐汤

一周采买清单

食材类别	食材种类
主食类	奶香馒头、麻酱花卷、小米、糯米、小麦米、玉米渣、玉米面、小麦面粉、大米、薏仁、红豆、荞麦面、乌冬面
果蔬类	苹果、菠菜、生菜叶、黄瓜、韭菜、芹菜、干香菇、油菜、冬笋、胡萝卜、绿豆芽、甘蓝菜、草莓、萝卜干、萝卜缨、芥菜、小白菜、韭菜、木耳、白菜
肉蛋水产类	牛肉、鸡蛋、鸡翅、鸭血、猪肉、河虾，火腿、肉皮冻
其他	酱香豆腐干、五香豆干、豆皮、豆腐、粉丝、大葱、生姜、甜面酱、虾皮、香菜、花椒、干红辣椒、香葱、蒜

周一早餐　奶香馒头（购买）+菠菜鸡蛋小米粥+草莓拌黄瓜+火腿（购买）

全家人所需能量盘点

草莓、菠菜都是春季时令果蔬，它们带着春天的气息，能够为人体补充水分和丰富的维生素，有助于缓解春季皮肤干燥、口渴等现象。菠菜鸡蛋小米粥巧妙搭配，既保证了丰富的口感，又非常清香，草莓、黄瓜更是兼具色香味，好像春天一道亮丽的风景。这样的早餐，是不是你已经心动了呢？

需准备的食材

奶香馒头3个，菠菜100克，鸡蛋1个，小米50克，火腿适量，草莓10颗，黄瓜1根。

头天晚上需要做好的工作

菠菜、草莓、黄瓜均洗净，覆膜冷藏。

省时小窍门（用时共计11分钟）

时间（分钟）	制作过程
3	锅中放入小米和水，大火煮沸；菠菜洗净，切段；鸡蛋打散
3	奶香馒头与火腿分别以微波炉加热，上桌
2	黄瓜、草莓分别洗净，切块，放入调料，拌匀
3	小米粥煮熟，淋入蛋液，再次煮沸后放入切好的菠菜，加盐调味，盛出

菠菜鸡蛋小米粥

材料 菠菜100克，鸡蛋1个，小米50克

调料 盐1茶匙

做法

1. 小米洗净，放入锅中加适量水，大火煮沸，转小火煮。

2. 菠菜洗净，汆烫后捞出，切段；鸡蛋打散。

3. 小米煮熟后，淋入蛋液，再次煮沸后，放入切好的菠菜，搅拌均匀，加盐调味即可。

（2人份）
热量：270千卡

（2人份）
热量：23千卡

草莓拌黄瓜

材料 黄瓜1根，草莓10颗

调料 盐、白醋各1/2茶匙，白糖2茶匙

做法

1. 黄瓜洗净，切圆形块，放入小碗里加盐，腌制15分钟后，用水冲洗干净，沥干，放入盘中；草莓去蒂洗净，切片，放入盘中。

2. 白糖用凉开水溶化，加入白醋拌匀，放入冰箱冷藏后取出来，淋入盘中拌匀即可。

周二早餐

萝卜干炒饭+薏仁红豆鸡汤

全家人所需能量盘点

这套早餐中，米饭的主要成分是碳水化合物，可满足上午身体所需的能量，其含有的蛋白质主要是米精蛋白，它所含氨基酸的组成比较完全，人体容易消化吸收；萝卜干中维生素B、铁质含量很高，是高级养生食物，适合老年人食用，有降血脂、降血压的作用；薏米和红豆有祛湿的作用，此汤可帮助祛除身体内的湿邪。

需准备的食材

米饭200克，萝卜干60克，鸡蛋1个，芹菜20克，鸡腿2只，薏仁10克，红豆20克。

头天晚上需要做好的工作

米饭放入密封容器中冷藏。薏仁、红豆洗净，泡水后，按照下页的做法做好薏仁红豆鸡汤，后晾凉，放入密封容器冷藏。

省时小窍门（用时共计10分钟）

时间（分钟）	制作过程
3	鸡蛋打散，拌匀；萝卜干切丁；芹菜洗净，切粒
1	起锅，炒鸡蛋，盛出
4	葱入油锅炒香，放入米饭炒散，将炒好的鸡蛋、萝卜干丁、芹菜粒倒入同炒，略加盐，完成萝卜干炒饭
2	取出前一晚做好的薏仁红豆鸡汤，倒入小锅中加热

萝卜干炒饭

（2人份）
热量：795千卡

材料 米饭200克，萝卜干60克，芹菜20克，鸡蛋1个，葱10克

调料 盐1/2茶匙、油少许

做法

1. 萝卜干浸泡在温水中约20分钟，洗净、切丁；芹菜去掉叶子，冲洗干净，切成末；葱切末；鸡蛋打散。
2. 锅内放油烧热，爆香葱末后放萝卜干一起炒，待出香味后，再倒入蛋液炒散，最后加米饭、盐，不断翻炒至米粒充分吸收佐料和配菜的味道，再将芹菜末均匀地撒在炒好的饭上即可。

（2人份）
热量：278千卡

薏仁红豆鸡汤

材料 薏仁10克，红豆20克，嫩姜片5克，鸡腿2只

调料 盐1茶匙

做法

1. 鸡腿洗净，剁块；红豆、薏仁均洗净，用水泡1小时。
2. 将洗好的红豆、薏仁、鸡腿块和嫩姜片放入锅中，加盐及适量水，炖至熟烂即可。

周三早餐 麻酱花卷（购买）+糯米麦粥+生菜肉卷+黄瓜蘸酱

全家人所需能量盘点

这套早餐中的花卷、糯米麦粥富含碳水化合物，能提供一上午身体活动所需的基本能量；牛肉富含优质蛋白质，麻酱中含有丰富的植物蛋白质；生菜、黄瓜富含维生素、矿物质与膳食纤维；春季要对呼吸道以及胃肠等器官进行特殊的营养补充，生菜就是最佳选择。

需准备的食材

生菜叶2片，牛肉150克，鸡蛋1个，糯米50克，小麦60克，麻酱花卷3个，黄瓜1根，甜面酱1袋。

头天晚上需要做好的工作

做好糯米麦粥。将糯米、小麦洗净，倒入电饭锅中，加入适量清水，盖上锅盖，接通电源，选择"煮粥"选项后按下"定时"键，在按下电饭锅"预约"键后，设定好开始煮粥的时间，这个时间最好是第二天早餐开饭的前1小时，这样能保证开饭时不烫嘴。

做好生菜肉卷。牛肉剁成泥，鸡蛋打入碗内，与牛肉泥拌匀，覆膜冷藏；生菜叶洗净后覆膜冷藏。

省时小窍门（用时共计11分钟）

时间（分钟）	制作过程
1	锅里加水，上火煮；蒸锅内加水，上火煮
5	汆烫生菜叶；做好生菜肉卷，上锅蒸
5	糯米麦粥加红糖，继续煮；生菜肉卷出锅，切段上桌；麻酱花卷以微波炉加热，上桌；黄瓜切成条，装盘上桌

（2人份）
热量：346千卡

糯米麦粥

材料 糯米50克，小麦60克

调料 红糖1汤匙

做法

1.将糯米、小麦洗净，放入锅内，加清水适量，大火煮沸后，改小火煮至粥成。

2.加红糖煮至再沸，随量食用。

（2人份）
热量：186千卡

生菜肉卷

材料 生菜叶2片，牛肉150克，鸡蛋1个

做法

1.生菜叶洗净后放入沸水中焯过，沥干水。

2.牛肉剁成泥，鸡蛋打入碗内，放入牛肉泥拌匀。

3.用生菜叶将调好的牛肉泥包好，做成生菜卷，上锅大火蒸10分钟，取出切段即可。

周四早餐 韭菜糊饼+凉拌萝卜缨+苹果（购买）

全家人所需能量盘点

萝卜缨经常被人们扔掉，殊不知其含钙量比萝卜和黄豆还要高，萝卜缨还含有较高的钼，钼是组成眼睛虹膜的重要成分，虹膜可调节瞳孔大小，保证视物清楚。因此，常服萝卜缨，有一定的预防近视眼、老花眼、白内障的作用。韭菜糊饼作为一种传统美食，受到男女老幼的青睐，春天的韭菜香气十足，更可提供维生素、膳食纤维和矿物质，还具有很好的排毒作用。

需准备的食材

大米100克，玉米面50克，鲜贝80克，腐竹30克，姜丝3克，小萝卜缨200克，蒜3瓣，韭菜100克，鸡蛋1个，虾皮10克，苹果3个。

头天晚上需要做好的工作

韭菜洗净，覆膜冷藏；虾皮切碎盛入碗内，置于橱柜台面上；红薯洗净，萝卜缨择去干叶，放入冰箱冷藏。

省时小窍门 （用时共计10分钟）

时间（分钟）	制作过程
3	韭菜切碎，鸡蛋打散，放入韭菜、鸡蛋和虾皮，和匀，玉米面加水调成糊状
3	平底锅烧热，倒入少许油，舀入一勺玉米面糊，摊平，再将韭菜鸡蛋馅散在面糊上，中小火烙熟
3	取一小锅，烧沸适量水，汆烫萝卜缨，挤干，切段
1	蒜剁碎，放入萝卜缨盘中加入调料拌匀，上桌

韭菜糊饼

（2人份）
热量：283千卡

材料 玉米面150克，韭菜100克，鸡蛋2个，虾皮10克

调料 香油、盐各1茶匙

做法

1. 玉米面内加水，将玉米面调成半湿，即看起来仍有些松散，但用手一攥即可成团的程度；韭菜洗净沥干水分，切碎。

2. 将鸡蛋倒入韭菜碎中，虾皮切碎也倒入其中；调入适量盐和香油调味，搅拌均匀成馅。

3. 平底锅内薄薄涂一层油，取一些玉米面糊倒入锅中，用勺子或直接用手将面糊压平压薄；将韭菜馅放一些在玉米饼上，并摊匀。

4. 盖上盖子，小火烙熟即可（需4～5分钟）。

（2人份）
热量：40千卡

凉拌萝卜缨

材料 萝卜缨200克，蒜末10克

调料 酱油、醋、辣椒油、香油各2茶匙，盐、味精各1/2茶匙，芝麻酱2茶匙

做法

1. 小萝卜缨洗净，用开水焯一下；再用盐腌1小时，沥出水分，切成段装盘。

2. 把酱油、醋、香油、味精、蒜末、芝麻酱调成汁，浇在萝卜缨上拌匀，再淋点儿辣椒油即成。

周五早餐 杂菌炒丝瓜＋荞麦蛋汤面

全家人所需能量盘点

丝瓜中的维生素C含量很高，春季食用能够为全家人补充维生素C，预防感冒，此外，丝瓜还有凉血解毒、美白养颜的功效，搭配菌菇食用，能够起到排毒清火的作用。荞麦面的营养价值很高，对中老年心血管疾病有预防和保健的作用，而且能够健脾消食，适合一家老小食用。

需准备的食材

丝瓜1根，蟹味菇、草菇各200克，荞麦面1袋，鸡蛋适量。

头天晚上需要做好的工作

蟹味菇、草菇清洗干净，切好，包上保鲜膜放入冰箱冷藏。荞麦面泡软，放入冰箱冷藏。

省时小窍门 （用时共计11分钟）

时间（分钟）	制作过程
5	锅中放入适量水，大火煮沸，放入荞麦面煮熟，同时将丝瓜洗净，去皮，切块
2	从冰箱取出切好的蟹味菇、草菇和鸡蛋
3	将鸡蛋打入锅中，同时切好姜、蒜，热油锅，炒制杂菌炒丝瓜，装盘上桌
1	面锅熄火，将荞麦面和鸡蛋盛入碗中，上桌

杂菌炒丝瓜

材料 丝瓜1根， 口蘑5朵，蟹味菇1盒，草菇6朵， 姜1片，蒜2瓣

调料 盐1/2茶匙，生抽1茶匙，糖1/4茶匙，水淀粉1汤匙

做法

1.丝瓜去皮切条，蟹味菇去掉根部摘开，草菇去掉底部的硬结，切4瓣。口蘑切片。姜去皮切细丝，大蒜去皮切薄片备用。

2.锅中倒入清水，大火烧开后，放入盐，放入所有蘑菇，焯烫1分钟，然后再放入丝瓜条，焯烫20秒捞出，用冷水冲一遍，充分沥干水分备用。

3.锅加热倒入油，大火加热，待油温5成热时，放入姜丝、蒜片爆出香味，调成中火，放入沥干后的所有蘑菇片和丝瓜条，加入盐、生抽和糖，翻炒均匀。

4.最后，临出锅时转成大火，淋入水淀粉勾芡即可。

（2人份）
热量：252千卡

（2人份）
热量：1157千卡

荞麦蛋汤面

材料 荞麦面条300克，鸡蛋1个，小白菜50克，葱花、姜丝各5克

调料 花椒粉、盐各1/2茶匙，香油1/4茶匙

做法

1.小白菜洗净，切段。鸡蛋打开放入碗中。

2.炒锅中放油，下葱花、姜丝、花椒粉，爆香，加入清水，烧开后下入荞麦面条。

3.面条快熟时放入小白菜段和鸡蛋，加盐、香油，调味即可。

周六早餐

五香鸡翅+凉拌芹菜叶+鸭血豆腐汤+豆干辣炒双韭+家常肉丝炒面

全家人所需能量盘点

春天是万物复苏的季节，也是多发病的季节，所以每天的早餐千万不能马虎。早餐营养要充足，搭配要合理，才能保证全家人的身体健康。五香鸡翅和家常肉丝炒面能够为家人提供优质蛋白质和足够的热量，凉拌芹菜叶的维生素含量丰富，鸭血豆腐汤含有大量铁和钙，非常适合全家人食用。

需准备的食材

乌冬面150克，猪肉丝100克，鸡翅300克，芹菜嫩叶200克，酱香豆腐干40克，豆腐100克，鸭血50克，香菜适量，五香豆干150克，香菇2朵，生菜50克，葱5克，干红辣椒2个。

头天晚上需要做好的工作

按照下页的做法，把五香鸡翅做好，连卤汤一起放入密封容器内，放入冰箱保存。浸泡一夜后鸡翅的味道会更加香浓。

省时小窍门 （用时共计12分钟）

时间（分钟）	制作过程
3	取一小锅水煮沸，汆烫芹菜叶和豆腐干，切好，拌匀
2	炒锅入水烧沸，把豆腐、鸭血放入，煮沸，加调料，用水淀粉勾芡，撒香菜出锅
3	将韭菜、韭黄、豆干洗净，各切成段，放入锅中，炒好盛盘
1	锅中加水煮沸，放入乌冬面，煮1分钟捞出，冲水
3	炒锅烧热，炒熟肉丝，放入乌冬面、生菜，炒好，出锅

五香鸡翅

材料 鸡翅300克，葱段、姜片各10克

调料 陈皮、肉豆蔻、小茴香、桂皮、八角、白芷、花椒、丁香、甘草各5克；老抽、糖、盐各1茶匙，生抽、料酒各1汤匙

做法

1. 把各种卤料包成料包。锅内放水烧开，放入调味料和卤料包用大火烧开。

2. 把鸡翅放入烧开的葱姜水中烫一遍捞起，冲洗干净后放入烧开的卤水锅中，烧滚后转小火，煮30分钟左右；关火后闷几个小时更入味。

（2人份）
热量：682千卡

（2人份）
热量：128千卡

凉拌芹菜叶

材料 芹菜嫩叶200克，酱香豆腐干40克

调料 盐、白糖、香油、酱油各1茶匙

做法

1. 将芹菜叶洗净，放开水锅中加1/2茶匙烫一下，捞出洗净晾凉，切成段。

2. 把酱香豆腐干放开水锅中烫一下，捞出切成小丁。

3. 将芹菜叶段和豆腐干丁放入大碗中，加入盐、白糖、酱油、香油，拌匀即可。

鸭血豆腐汤

（2人份）
热量：127千卡

材料 鸭血50克，豆腐100克，香菜10克

调料 醋、盐、水淀粉、胡椒粉各1茶匙，高汤适量

做法

1. 鸭血、豆腐切块，放入煮开的高汤中。

2. 加醋、盐、胡椒粉调味，以水淀粉勾薄芡，最后撒上香菜即可。

（2人份）
热量：365千卡

豆干辣炒双韭

材料 五香豆干150克，韭菜、韭黄各100克，干红辣椒2根，花椒15粒

调料 生抽1汤匙，白糖1茶匙，盐1/2茶匙，米醋2茶匙

做法

1. 将韭菜、韭黄均洗净，切段；五香豆干切斜段；干红辣椒切段。

2. 锅中倒油烧热，放入豆干，炒至金黄盛出。

3. 锅中留底油烧热，放入花椒、干红辣椒炒香，随即倒入韭菜段和韭黄段，调入生抽、米醋、白糖、盐，大火翻炒，倒入炒好的豆干，炒匀即可。

家常肉丝炒面

（2人份）
热量：424千卡

材料 乌冬面150克，猪肉丝100克，香菇2朵，生菜50克，葱5克

调料 香油1/4茶匙，盐1/2茶匙

做法

1. 香菇泡软后切丝；生菜切片；葱切丝。

2. 将面条放入开水中煮至九分熟，捞出冲冷水。

3. 锅里放香油，下猪肉丝、香菇丝、生菜片、葱丝，炒熟。

4. 在炒熟的菜料中放入乌冬面拌炒，最后加水及盐炒匀，淋上香油即可。

周日早餐 葱油拌面+蔬菜豆皮卷+木耳香葱爆河虾+白菜粉丝豆腐汤

全家人所需能量盘点

这套早餐富含碳水化合物的同时，小河虾还含有丰富的钙质，木耳的排毒作用非常有效，经常食用能够促进身体毒素的排出。蔬菜豆皮卷将各类营养集于一身，再配上一碗白菜粉丝豆腐汤，这套周日早餐真的是非常完美。

需准备的食材

面条200克，虾皮50克，绿豆芽50克，胡萝卜丝20克，甘蓝菜40克，豆干50克，豆皮1张，小河虾350克，水发木耳100克，白菜200克，豆腐1块，粉丝30克，葱40克。

头天晚上需要做好的工作

胡萝卜洗净，切丝；甘蓝洗净，切丝；小河虾洗净，木耳洗净；虾皮用黄酒浸泡后，放入糖、生抽蒸好；葱40克切粒，白菜200克切段，放入容器覆膜冷藏。

省时小窍门 （用时共计14分钟）

时间（分钟）	制作过程
3	取一小锅放入适量水大火烧沸，汆烫豆芽、胡萝卜丝、豆干、甘蓝、豆皮
2	用豆皮卷好蔬菜，放入平底锅，煎至金黄，放入盘中
3	锅中重新放入水，煮沸，把面条放入煮熟，捞入碗中
3	炒锅烧热，放入适量油，放入香葱粒，小火炒至金黄色，将葱油、虾皮及汁倒在面条中，拌匀
3	炒锅洗净，放入适量油烧热，炒木耳、香葱爆河虾，上桌

（2人份）
热量：786千卡

葱油拌面

材料 面条200克，虾皮50克，葱20克

调料 白糖、生抽、料酒各1茶匙

做法

1. 虾皮洗净，用料酒浸泡，然后加生抽、白糖蒸半小时。

2. 葱洗净，切段，锅热后放油，放葱段，直到颜色变成焦黄色。

3. 取一锅，内加水，煮沸后下面条，煮约5分钟后即可捞出，放入碗中加葱、油和虾皮汁拌匀即可。

（2人份）
热量：297千卡

蔬菜豆皮卷

材料 豆皮1张，绿豆芽50克，胡萝卜丝20克，甘蓝菜40克，豆干50克

调料 盐、香油各1茶匙

做法

1. 绿豆芽洗净；胡萝卜、甘蓝菜、豆干均切丝。将所有准备好的原料用热水烫熟，然后加盐和香油拌匀。

2. 将拌好的原料均匀地铺在豆皮上卷起，用中小火煎至表皮金黄。

3. 待放凉后切成小卷，摆入盘中即可食用。

（3人份）
热量：315千卡

木耳香葱爆河虾

材料 小河虾350克，水发木耳100克，葱20克

调料 盐1茶匙，味精1/2茶匙，香油1/4茶匙

做法

1.小河虾汆烫；香葱洗净切段；水发木耳洗净，撕成小朵，汆烫后过凉沥干备用。

2.油锅烧热，爆香葱段；放入小河虾、木耳朵翻炒，再放入盐、味精炒匀，淋香油即成。

（2人份）
热量：164千卡

白菜粉丝豆腐汤

材料 白菜200克，豆腐1块，粉丝30克

调料 盐1/2茶匙，香油1/4茶匙

做法

1.白菜洗净，撕成小块；豆腐切块；粉丝泡水至软。

2.锅内热烧油，先下白菜块，翻炒一会儿，倒入豆腐块，翻匀后倒入水，水开后下粉丝，煮熟，出锅前放盐，点少许香油调味。

夏季消暑早餐

夏季消暑早餐怎么吃

夏天早餐可把粥当主食

暑热会减弱食欲及肠胃的消化功能，这主要是由于高温环境作用于人体后，通过神经传导将高温刺激传导给体温调节中枢，对摄食中枢产生抑制性的影响，从而导致摄食量的减少。粥类食品易于消化，既能帮助身体补充因大量出汗所消耗的水分，还能快速补充血糖和能量，是消暑的最佳主食。在做粥时，加入豆类、杂粮、果蔬、药材等，能加强粥的保健效果，使维生素和微量元素的补充同步进行。

早餐宜喝热汤

夏天大量的流汗会造成血容量不足，使血压下降，从而增加中暑的危险。大量流汗还会引起盐分大量丧失，使血液中形成胃酸所必需的氯离子储备量减少，从而影响胃液中盐酸的生成，不利于铁和钙的吸收。所以，要及时补充水分和盐，因此早餐可多饮汤类。在进餐前先喝点汤，能够解除因饮水中枢的兴奋而引起的摄食中枢的抑制，菜汤能够促进消化液的分泌，有助于促进食欲。

多吃低脂肪优蛋白食物

在高温环境下，人体新陈代谢率会增加，加上天气炎热，人们出汗多，每100毫升汗液中含氮会达到20~70毫克，如果饮食再跟不上，极有可能会引起负氮平衡，出现腰酸背痛、头昏目眩等症状。因此，蛋、奶、鱼虾、豆制品等低脂肪优质蛋白的摄入量应适量增加。早餐中脂肪的进食量可以自身的喜好来定。

夏天宜食用凉性食物

食物四性中的凉性类食物较适合夏季选用，凉性食物有：

谷类：薏仁。

蔬菜：大白菜、芦笋、茭白、芦荟、莲藕、苦瓜、丝瓜、黄瓜、冬瓜、绿豆芽等。

水果类：猕猴桃、火龙果、西瓜、梨、柿子、橘子、杨桃、香瓜。

肉类：海鲜、鸭肉、紫菜。

蛋豆类：蛋清、绿豆。

烹饪方式要以偏阴为宜，如蒸、煮、炖，忌煎、炸、烤等。

一周采买食材清单

一周早餐最佳搭配

周一早餐　小米绿豆粥+清炒苋菜+虾片黄瓜

周二早餐　豆沙包+猪肝拌黄瓜+子姜炒脆藕+牛奶

周三早餐　糖馒头+香菇疙瘩汤+凉拌番茄

周四早餐　果珍脆藕+玉米煎饼

周五早餐　火烧+白菜烧三菇+大麦土豆汤+火腿

周六早餐　陈皮海带粥+酸辣苦瓜片+葱花饼+花生拌菠菜

周日早餐　豆腐芹菜粥+茭白炒鸡蛋+馒头

一周采买清单

食材类别	食材种类
主食类	速冻小窝头、紫米馒头、火烧、面粉、糖馒头、大米、绿豆、薏米、豆沙包、小米、大麦仁、大米、玉米、荞麦面
果蔬类	梨、鸡蛋、茭白、青椒、红椒、芦笋、花生仁、豆腐、苋菜、白菜、金针菇、鲜香菇、草菇、干红辣椒、胡萝卜、芦笋、番茄、嫩白菜帮、黄瓜、莲藕、子姜、泡椒、白菜叶、青菜叶、水发木耳、土豆、菠菜、芹菜、毛豆
肉蛋类	猪肉馅、虾、鸡蛋、熟猪肝、酱牛肉、火腿、蒜肠
其他类	牛奶、葱、蒜、姜、酵母

周一早餐

小米绿豆粥+清炒苋菜+虾片黄瓜

全家人所需能量盘点

小米绿豆粥能够清暑益气、止渴利尿，不仅能补充水分，而且还能及时补充矿物质，对维持水液电解质平衡有着重要意义。苋菜富含易被人体吸收的钙质，还含有丰富的铁、钙和维生素K，具有促进凝血、增加血红蛋白含量并提高携氧能力、促进造血等功能。苋菜还是减肥餐桌上的主角，常食可以减肥轻身，促进排毒，防止便秘。虾能够提供优质蛋白质，黄瓜中含有的维生素C具有提高人体免疫功能的作用，经常食用能预防肿瘤。

需准备的食材

小米80克，绿豆30克，苋菜300克，虾4只，黄瓜1根，青蒜2棵，水发木耳2朵。

头天晚上需要做好的工作

绿豆洗净，放入碗中用凉水浸泡。苋菜洗净，沥干，放入冰箱冷藏。虾去皮、去肠线，洗净；黄瓜洗净，木耳泡软，洗净；全部放入冰箱冷藏。

省时小窍门 （用时共计10分钟）

时间（分钟）	制作过程
2	小米洗净，放入锅中，加适量水和泡好的绿豆，大火煮沸，转小火煮8分钟
2	另取一小锅，大火煮沸适量水，汆烫虾、苋菜和木耳
3	虾切片，木耳切丝，青蒜切丝，加入黄瓜和调料拌匀
2	炒锅烧热，炒好苋菜
1	小米绿豆粥大火再次煮沸，熄火，盛出

（2人份）
热量：343千卡

小米绿豆粥

材料 小米80克，绿豆30克

做法

1.小米、绿豆分别淘洗干净。

2.锅中水烧开，放入小米和绿豆，小火煮20分钟即可。

（2人份）
热量：76千卡

清炒苋菜

材料 苋菜300克

调料 香油2茶匙，盐1/2茶匙

做法

1.苋菜取嫩尖洗净。

2.锅内下香油，烧热，入苋菜，旺火炒片刻，加盐炒均，起锅。

虾片黄瓜

热量：124千卡
（2人份）

材料 虾4只，黄瓜1根，青蒜2棵，水发木耳2朵

调料 盐1/2茶匙，醋1茶匙，姜末适量

做法

1.木耳用沸水焯烫一下，切丝；黄瓜切成半圆片；青蒜叶切段。

2.虾去除头、壳、肠线，汆烫后切片。

3.锅中油烧热，爆香姜末，下虾仁、木耳丝、黄瓜片、青蒜段，翻炒，下盐、醋炒匀即可。

周二早餐

豆沙包（购买）+猪肝拌黄瓜+子姜炒脆藕+牛奶（购买）

全家人所需能量盘点

这套早餐中的豆沙包富含碳水化合物，能保证身体一上午活动的基本消耗；牛奶、猪肝中富含优质蛋白质，在高热环境中可使身体得到足够的能量补充，其中猪肝中富含铁，还可预防贫血，常吃些用豆沙做的馅也能补血，使人面色红润；黄瓜、子姜、莲藕可提供维生素、矿物质与膳食纤维，其中莲藕有降火、清热的作用，能安神，是非常适宜夏季吃的食材。

需准备的食材

猪肝150克，黄瓜100克，姜末、葱末各5克，鲜藕200克，子姜20克，泡椒10克，速冻豆沙包1袋，牛奶500毫升。

头天晚上需要做好的工作

黄瓜、鲜藕、子姜分别洗净，放入冰箱冷藏。猪肝洗净，去除筋膜，冷水入锅汆烫后捞出，冲净。锅中加适量水，放入酱油、葱、姜、料酒，把猪肝放入中火煮30分钟后捞出，晾凉后切片，覆上保鲜膜冷藏。

省时小窍门（用时共计9分钟）

时间（分钟）	制作过程
1	豆沙包无需解冻，放入蒸锅，蒸8分钟
2	猪肝取出，切丝；黄瓜切丝，放入调料拌匀
3	鲜藕切片，子姜洗净切丝，炒锅烧热，炒制出锅
2	牛奶放入微波炉中加热
1	豆沙包熄火，放入盘中上桌

猪肝拌黄瓜

（2人份）
热量：189千卡

材料 熟猪肝150克，黄瓜100克，姜末、蒜末各5克

调料 香油、醋、盐、味精、芝麻酱各1茶匙

做法

1.将熟猪肝切条，黄瓜洗净切丝；先将黄瓜丝放在盘中，猪肝条放在上面。

2.将芝麻酱用凉开水化开，放盐、醋、味精、香油、蒜末、姜末调匀，食用时淋在猪肝条、黄瓜丝上拌匀即可。

（2人份）
热量：155千卡

子姜炒脆藕

材料 鲜藕200克，子姜20克，泡椒10克

调料 白糖、香油各1茶匙，盐、鸡精各1/2茶匙

做法

1.将鲜藕冲洗干净削皮，去掉藕节，切成薄片，放入糖水中浸泡10分钟左右，捞出来沥干水备用。

2.将子姜带芽洗净，切成细丝备用；泡椒切成碎丁备用。

3.锅内加入植物油烧热，放入藕片用大火快炒1~2分钟，放入子姜丝、泡椒丁，略炒几下，加入鸡精、盐，淋入香油，翻炒几下，即可出锅。

周三早餐

糖馒头（购买）+香菇疙瘩汤+凉拌番茄

全家人所需能量盘点

疙瘩汤是一道传统美食，加入的蔬菜可以根据个人口味随意调节，香菇素有"植物皇后"的美誉，含B族维生素、铁、钾、维生素D原（经日晒后转成维生素D），能够促进钙的吸收，和番茄搭配起来口感更好，营养也更加丰富。

需准备的食材

面粉100克，鸡蛋1个，香菇2朵，胡萝卜1根，番茄2个，菠菜2棵，白菜心适量。

头天晚上需要做好的工作

香菇去蒂，洗净；菠菜、胡萝卜、番茄均洗净。

省时小窍门 （用时共计12分钟）

时间（分钟）	制作过程
1	糖馒头取出，用微波炉加热1分钟
2	香菇、胡萝卜均切丁；菠菜切段；鸡蛋打散
3	炒锅烧热，放入香菇丁、胡萝卜丁炒，加水大火煮沸
2	用面粉加水调好面疙瘩，撒入煮沸的锅中
2	番茄、白菜心均切好，放入白糖，拌匀
2	疙瘩汤煮滚，淋入蛋液，撒下菠菜段，淋香油熄火

香菇疙瘩汤

（2人份）
热量：450千卡

材料 菠菜30克，香菇2朵，胡萝卜20克，面粉100克，鸡蛋1个

调料 盐、香油各1茶匙

做法

1. 菠菜洗净，用沸水焯过，切段；香菇洗净，去蒂，切丁；胡萝卜洗净，去皮，切丁；鸡蛋磕入碗中打散，搅拌均匀。

2. 面粉里加少量水，朝一个方向搅拌，搅拌成面疙瘩，锅内加入适量水烧开，放入香菇丁、胡萝卜丁，烧煮2分钟。

3. 下入面疙瘩，煮沸后缓缓下入蛋液，搅成蛋花，放入菠菜段，烧开后加入适量盐，滴入香油调味即可。

（2人份）
热量：22千卡

凉拌番茄

材料 番茄2个，白菜心100克

调料 白糖适量

做法

1. 将番茄洗净，用开水烫一下，去皮去蒂，一切两半，再切成小月牙块儿，摆在盘中。

2. 将白菜心切成细丝，摆在番茄块中心，撒上白糖即成。

周四早餐

果珍脆藕+玉米煎饼

全家人所需能量盘点

玉米饼富含能量，碳水化合物和维生素含量非常丰富，能为家人提供一上午的能量。莲藕微甜爽脆，富含蛋白质、天门冬素、维生素C，以及氧化酶成分，含糖量也很高，夏季生吃鲜藕能清热解烦，解渴止呕。

需准备的食材

玉米粒、豌豆粒各50克，鸡蛋3个，面粉250克，莲藕20克，白糖20克，果珍50克。

头天晚上需要做好的工作

将新鲜玉米粒、豌豆粒洗净，放入保鲜袋，放入冰箱冷藏。

莲藕洗净，去皮，切薄片备用。将果珍、白糖放入奶锅中加一小碗水煮开，晾凉。

锅烧水，待水开后倒入藕片，焯水2分钟左右；焯好的藕片浸入冰水中，并迅速捞出。取一密封盒，倒入晾凉的果珍糖水，把藕片沥干水分装入盒内；盖严盒盖，放入冰箱冰藏。

省时小窍门 （用时共计9分钟）

时间（分钟）	制作过程
1	从冰箱中取出腌制好的果珍脆藕，装盘上桌
3	将玉米粒、豌豆粒取出，鸡蛋打散，面粉加水，加入蛋液、玉米粒、豌豆粒、白糖调成糊状
5	平底锅放少量油烧热，用勺子舀适量面糊，双面煎熟即可

果珍脆藕

（3人份）
热量：318千卡

材料 莲藕200克

调料 白糖20克，果珍50克

做法

1.将果珍、白糖放入奶锅中，加一小碗水煮开，倒出晾凉。

2.把藕洗净去皮，切成3毫米左右的薄片。锅烧水，待水开后倒入藕片焯水2分钟左右；焯好的藕片浸入冰水中，并迅速捞出。

3.取一密封盒，倒入晾凉的果珍糖水，把藕片沥干水分装入盒内；盖严盒盖，放入冰箱冰藏室几小时后食用。

（3人份）
热量：896千卡

玉米煎饼

材料 玉米粒、豌豆各50克，鸡蛋3个，面粉250克

调料 白糖1汤匙

做法

1.玉米粒、豌豆均预先煮熟；面粉加适量水调成糊状。

2.鸡蛋打入面粉中拌匀，加入豌豆和玉米粒，加白糖拌匀。

3.锅里加少许油，倒入混合好的面糊，待一面凝固后，翻面继续煎熟即可。

周五早餐 火烧（购买）+白菜烧三菇+大麦土豆汤+火腿（购买）

全家人所需能量盘点

草菇的维生素C含量高，能促进人体新陈代谢，提高机体免疫力。金针菇的含锌量比较高，有助于降低胆固醇，预防心脑血管疾病；香菇含有高蛋白、低脂肪、多糖、多种氨基酸和多种维生素；白菜有解热除烦、通利肠胃、养胃生津、除烦解渴、利尿通便、清热解读的功效。一道简单的小菜就包含这么多的营养，还能预防疾病。大麦土豆汤更是将口味与营养搭配得尽善尽美，能给家人最贴心的关怀。

需准备的食材

白菜100克，金针菇、鲜香菇、鲜草菇各20克，葱花5克、火烧3个，火腿200克，大麦仁50克，土豆2个，干红辣椒丝5克。

头天晚上需要做好的工作

白菜择洗干净，覆膜冷藏；金针菇、鲜香菇、鲜草菇分别洗净，覆膜冷藏。

省时小窍门 （用时共计10分钟）

时间（分钟）	制作过程
3	取一小锅，加适量水煮沸，分别烫金针菇、鲜草菇、鲜香菇，捞出后，冲水，切好
2	开水放入平底锅，加水小火加热
2	土豆去皮切块，大麦仁洗净
3	另取一锅，做大麦土豆汤

白菜烧三菇

(2人份)
热量：41千卡

材料 白菜100克，金针菇、鲜香菇、鲜草菇各20克（也可选择鸡腿菇、蟹味菇等），干红辣椒丝5克

调料 料酒、盐各1茶匙，味精1/4茶匙，油少许

做法

1. 白菜切大块；金针菇切段；鲜香菇去蒂切片；鲜草菇洗净对切。
2. 锅置火上，放油烧热，加入干红辣椒丝，炸出香味，放入金针菇段、鲜香菇片、鲜草菇片翻炒，加白菜、盐、料酒及少许清水稍焖，待汤汁收干，加味精翻炒均匀即可。

(3人份)
热量：378千卡

大麦土豆汤

材料 土豆300克，大麦仁50克，葱花5克

调料 盐1茶匙，油少许

做法

1. 将土豆去皮，切成小块；大麦仁去除杂质后洗净。
2. 炒锅置火上，倒入适量油烧热，放入葱花煸香，加适量水，放入大麦仁烧沸，再加上土豆块煮熟，加盐调味即成。

周六早餐

陈皮海带粥+酸辣苦瓜片+葱花饼（购买）

全家人所需能量盘点

苦瓜所含有的苦瓜多肽类物质有快速降低血糖的功能，能够预防和改善糖尿病并发症，具有调节血脂、提高免疫力的作用，中老年人经常食用既能预防疾病，又能清暑除烦、解毒，非常适合夏季食用。陈皮海带粥口感独特，又能补充碘元素；花生富含蛋白质，这样这套早餐就能全面满足全家人的营养需求了。

需准备的食材

大米100克，陈皮10克，海带50克，苦瓜1根，干红辣椒2个，葱花饼2个。

头天晚上需要做好的工作

大米淘洗干净，倒入电饭锅中，加入三碗清水，盖上锅盖，接通电源，选择"煮粥"选项后按下"定时"键，在按下"预约"键后设定好开始煮粥的时间，这个时间最好是第二天早餐开饭前1小时。海带用水浸泡，苦瓜去瓤，洗净。

省时小窍门 （用时共计6分钟）

时间（分钟）	制作过程
1	海带丝、陈皮放入粥锅中，继续煮5分钟
3	取一小锅，加入适量水煮沸，苦瓜洗净切片，放入沸水中氽烫1分钟
2	炒锅烧热，炒酸辣苦瓜片，出锅上桌

（2人份）
热量：382千卡

陈皮海带粥

材料 大米100克，陈皮10克，海带50克

调料 白糖适量（根据个人口味添加）

做法

1.大米洗净，浸泡1小时备用；陈皮、海带均切丝，用沸水氽烫一下。

2.所有材料一同入锅，加水、中火煮沸，改小火熬煮1小时，加白糖拌匀即成。

（2人份）
热量：59千卡

酸辣苦瓜片

材料 苦瓜300克，葱花、干红辣椒各10克

调料 盐、醋、味精各1茶匙

做法

1.苦瓜洗净去蒂，除瓤和籽，切片。

2.汤锅置火上，倒入适量清水烧沸，放入苦瓜片焯水，捞出，过凉，沥干后装盘，加盐、醋、味精。

3.炒锅置火上，倒油烧热，炸葱花和干红辣椒，淋在盘中的苦瓜片上，拌匀即可。

周日早餐

豆腐芹菜粥+馒头（购买）+茭白炒鸡蛋

全家人所需能量盘点

这套早餐中的馒头、豆腐芹菜粥富含蛋白质、碳水化合物、维生素，芹菜具有降血压的功效，同时还有养神益气、平肝清热、消水肿、减肥的功效，这三种物质能保证身体在夏日的整个上午都充满活力。茭白炒鸡蛋，富含优质蛋白和卵磷脂，二者搭配具有提神醒脑的功效。

需准备的食材

面粉250克，大米100克，鸡蛋3个，豆腐50克，芹菜150克，茭白100克，馒头2~3个，高汤50克，葱末5克。

头天晚上需要做好的工作

大米淘洗干净，倒入电饭锅中，加入三碗清水，盖上锅盖，接通电源，选择"煮粥"选项后按下"定时"键，在按下"预约"键后设定好开始煮粥的时间，这个时间最好是第二天早餐开饭前1小时。豆腐、芹菜、茭白分别洗净，放入盘中覆膜冷藏。

省时小窍门 （用时共计10分钟）

时间（分钟）	制作过程
2	豆腐、芹菜分别切细丁，放入煮粥的电饭锅中，继续煮5分钟
1	馒头放入蒸锅，加热5分钟
2	茭白切斜段，鸡蛋打散
3	炒锅烧热，炒茭白鸡蛋
1	蒸锅熄火，馒头上桌
1	豆腐芹菜粥搅拌均匀，盛碗上桌

豆腐芹菜粥

（3人份）
热量：409千卡

材料 大米100克，芹菜150克，豆腐50克

调料 盐1茶匙

做法

*1.*将芹菜去根、叶，洗净，切成碎末；豆腐切丁。

*2.*大米淘洗干净，放入锅内，加适量清水，用旺火烧开，转文火，煮至半熟时下入芹菜末和豆腐丁，煮至粥熟，加盐调味即成。

（2人份）
热量：217千卡

茭白炒鸡蛋

材料 鸡蛋3个，茭白100克，葱末5克，高汤50克

调料 盐1茶匙

做法

*1.*将茭白切成斜段；鸡蛋打入碗内，加半茶匙盐拌匀。

*2.*锅中倒油烧至六成热，放入茭白段，翻炒几下，加入盐、高汤，熬干汤汁时，盛出备用。

*3.*再将锅内加入少许油，烧热后炒熟鸡蛋，再将炒过的茭白下锅，加入葱末一起翻炒，下盐调味即可。

秋季去燥早餐

秋季去燥早餐怎么吃

秋季早餐进食原则

吃早餐要遵循量少质优、有干有稀、注重主副食搭配的原则，所以在喝汤、喝粥的同时加一些馒头类的主食和肉蛋类的食物会更好。

宜吃热汤面

早晨吃一碗热腾腾的面条，暖胃又暖身。面粉含有多种氨基酸和维生素，且含热量低。在煮的过程中，面条会吸收大量水，100克面条煮熟后会变成400克。吃面的同时，需要搭配鸡蛋、牛肉等肉蛋类食品，以补充人体所需的蛋白质，使人精力充沛。此外，还要适量补充莴笋叶、胡萝卜、豆芽等蔬菜，保证各种营养物的摄入，达到营养均衡。面条在肠胃中的消化较慢，使人长时间有饱腹感，不容易饥饿。同时，口感滑软的面条也非常适合牙齿不好的老年人，更易于消化吸收。

宜吃养生粥

一到秋天，人们的脾胃功能都会不同程度地减弱。粥是秋季调理脾胃最好的食物。《黄帝内经》中提到"五谷为养"，玉米、红薯、小米、绿豆、芝麻等都是煮粥的好食材。以下是做秋季润燥粥的小诀窍：

1.在煮粥时加些切碎的梨块，梨有生津止渴、滋阴润燥的作用。

2.加些用水发好的银耳，银耳有养胃强身的作用。

3.加些瘦肉、皮蛋，可以补充蛋白质的消耗。

可用药膳，少食辛燥

秋季早餐除遵照荤素搭配、平衡膳食的原则外，还要注意少食辛燥的食品，如辣椒、生葱等，秋季宜食芝麻、糯米等柔润食物。秋季，五脏中肺气当令，需要平补，适宜食用菊花肉片等药膳。同时也可选用四季皆宜的药膳，如茯苓包子、银耳羹等。

一周采买食材清单

一周早餐最佳搭配

周一早餐	黑芝麻汤圆+玉米沙拉+萝卜黑木耳炒韭菜
周二早餐	红枣馒头+牛奶黑芝麻粥+蜜汁红薯+话梅橙汁浸草虾
周三早餐	担担面+冰镇马蹄银耳羹
周四早餐	花菇肉片汤+罗汉素烩饭
周五早餐	红薯小窝头+南瓜百合粥+鲜虾蛋沙拉
周六早餐	雪菜冬笋豆腐汤+腌西蓝花+麻酱饼+胡萝卜猪肝
周日早餐	菜窝头+板栗核桃粥+雪菜炒黄豆+双椒拌海带

一周采买清单

食材类别	食材种类
主食类	黑芝麻汤圆、大米、红枣馒头、挂面、茴香肉包子、玉米面饼
果蔬类	红心红薯、玉米粒、苹果、香梨、青红椒、小白菜、栗子、豆腐、黄花菜、金针菇、嫩丝瓜、黑木耳、平菇、胡萝卜、南瓜、百合、生菜、紫甘蓝、黄瓜、小番茄、土豆、香菇、西蓝花、芹菜、莴笋、核桃、黄豆、雪菜、海带丝、青尖椒、红尖椒、韭菜、白萝卜、碎米芽菜
肉蛋类	鸡蛋、虾仁、猪里脊肉、五花肉、鸡肉、兔肉、猪心、肉末
饮品类	牛奶、橙汁
其他	姜、芝麻、葱、藕粉、枸杞、话梅、毛豆

周一早餐

黑芝麻汤圆+玉米沙拉+萝卜黑木耳炒韭菜

全家人所需能量盘点

这套早餐中的汤圆富含碳水化合物；黑芝麻富含植物蛋白质，有益肝、补肾、养血、润燥、美容的作用；苹果、香梨、小番茄中富含维生素、矿物质与膳食纤维，木耳中的胶质可把残留在人体消化系统内的灰尘、杂质吸附并集中起来排出体外，从而起到清胃涤肠的作用。同时，木耳还有防治动脉粥样硬化和冠心病的作用，经常食用还有预防肿瘤的功效。

需准备的食材

黑芝麻汤圆200克，玉米粒150克，苹果1个，香梨2个，小番茄10个，韭菜200克，白萝卜100克，水发黑木耳50克。

头天晚上需要做好的工作

韭菜择洗干净，沥干，放入冰箱；黑木耳泡发，洗净；白萝卜洗净。将玉米粒煮熟，捞出沥干，晾凉后放入盘中，覆膜冷藏；将苹果、香梨、小番茄分别洗净，覆膜冷藏。

省时小窍门 （用时共计11分钟）

时间（分钟）	制作过程
2	汤锅加水大火煮沸；韭菜切段；白萝卜、黑木耳均切丝
3	苹果、香梨、小番茄分别切好，放入玉米粒、沙拉酱拌匀
3	把汤圆放入锅中加盖煮
2	炒锅烧热，放入白萝卜丝、黑木耳丝、韭菜段炒匀，出锅
1	汤圆煮至浮起，盛出上桌

黑芝麻汤圆

（3人份）
热量：622千卡

材料 黑芝麻汤圆200克

做法
汤锅置火上，倒入适量热水烧沸，下入黑芝麻汤圆，每隔30秒左右要用汤勺轻轻推几下，待汤圆煮至浮起即可。

（3人份）
热量：252千卡

玉米沙拉

材料 玉米粒150克，苹果1个，香梨2个，小番茄10个

调料 沙拉酱适量

做法
1.玉米粒汆烫后过凉水冲净。
2.苹果、香梨分别洗净，去皮，切小块；小番茄洗净，对半切开，与玉米粒一同放入盘中，淋上沙拉酱，拌匀后即可食用。

（3人份）
热量：75千卡

萝卜黑木耳炒韭菜

材料 韭菜200克，白萝卜100克，水发黑木耳50克，姜丝少许

调料 酱油1茶匙，味精1/4茶匙，香油、盐各1/2茶匙

做法
1.韭菜洗净，切段；白萝卜、水发黑木耳均切丝。
2.爆香姜丝，放入白萝卜丝，煸炒至八分熟，最后放入黑木耳丝、韭菜段翻炒，调入酱油、盐、味精炒熟，淋上香油即可。

周二早餐

红枣馒头（购买）+牛奶黑芝麻粥+蜜汁红薯+话梅橙汁浸草虾

全家人所需能量盘点

牛奶是人体钙的最佳来源，而且其钙、磷比例非常适当，利于钙的吸收。牛奶中的铁、铜和卵磷脂能大大提高大脑的工作效率。红薯含有丰富的淀粉、膳食纤维、胡萝卜素、维生素B、维生素C、维生素E以及钾、铁、铜、硒、钙等十余种矿物质和亚油酸，营养价值很高，被营养学家们称为营养最均衡的保健食品。这些物质能保持血管弹性，对防治老年习惯性便秘十分有效。话梅橙汁浸草虾非常适合孩子和女性的口味，浓郁的橙香能唤醒沉睡的味觉。

需准备的食材

黑芝麻20克，大米100克，红心红薯1个，蜂蜜、冰糖、葱丝各适量，红枣馒头3个，草虾250克，话梅、橙汁各适量，鲜牛奶200毫升，蜂蜜、冰糖、泡椒、生抽、橙汁、白糖各适量。

头天晚上需要做好的工作

牛奶黑芝麻粥。大米淘洗干净后倒入电饭锅中，加入适量清水，盖上锅盖，接通电源，选择"煮粥"选项后按下"定时"键，在按下电饭锅"预约"键后，设定好开始煮粥的时间，这个时间最好是第二天早餐开饭的前1小时。将黑芝麻去杂，淘洗干净，炒熟。话梅橙汁浸草虾按下页做法，做好，放冰箱冷藏。

省时小窍门 （用时共计9分钟）

时间（分钟）	制作过程
2	红薯洗净，切条，放入蒸锅蒸10分钟
3	将炒好的黑芝麻放入煮粥的电饭锅中，继续煮3分钟
2	红枣馒头从冰箱取出，放入微波炉加热2分钟
2	话梅橙汁浸草虾从冰箱取出，放入微波炉加热2分钟

牛奶黑芝麻粥

〔2人份〕
热量：552千卡

材料 大米100克，鲜牛奶200毫升，熟黑芝麻20克

做法

1.将大米淘洗干净，浸泡30分钟。

2.大米加入适量水，大火烧开后转小火煮40分钟成稠粥。

3.粥内加入黑芝麻煮两分钟，倒入牛奶即可。

〔2人份〕
热量：35千卡

蜜汁红薯

材料 红心红薯1个

调料 蜂蜜、冰糖各1汤匙

做法

1.锅内加水，把冰糖放入熬成汁，然后放入红薯条和蜂蜜；待烧开后弃去浮沫，用小火焖熟。

2.等到汤汁黏稠时先把红薯条夹出摆盘中，再浇上冰糖、蜂蜜汁即可。

话梅橙汁浸草虾

〔3人份〕
热量：254千卡

材料 草虾250克，姜片、姜末、葱段、蒜末各5克，话梅5粒

调料 料酒1汤匙，泡椒、生抽、橙汁、鸡精、白醋、白糖各1茶匙

做法

1.草虾去须足、肠线，洗净后放入锅中，加入葱段、姜片、料酒煮熟；话梅取出果核，话梅肉备用。

2.将剩余的调料加姜末、蒜末、话梅肉搅匀，调成汁，将煮熟的草虾放入味汁中浸泡至入味即可。

周三早餐

担担面+冰镇马蹄银耳羹

全家人所需能量盘点

担担面是四川著名小吃，在家里也照样能做出非常地道的口味。

银耳、莲子具有补脾开胃、益气清肠、安眠健胃、补脑、养阴清热、润燥的功效，经常食用能够预防呼吸道疾病。马蹄特别适合糖尿病、高血压患者食用，对预防肿瘤有一定作用。

需准备的食材

面条200克，担担面调料适量，肉末100克，碎米芽菜50克，干银耳1朵，马蹄10个，干莲子20颗，枸杞30颗，冰糖20克。

头天晚上需要做好的工作

将干银耳泡发后撕成小朵，马蹄洗净去皮切小块，干莲子、枸杞用清水浸泡5分钟，将所有材料放入电锅中，放入适量水和冰糖，炖煮30分钟熄火。

省时小窍门 （用时共计12分钟）

时间（分钟）	制作过程
5	将电锅插上电源，加热已做好的冰糖马蹄银耳羹；同时烧热一锅水
3	锅中放入适量水，大火煮沸，放入面条煮熟，捞入碗中，淋上担担面调料
3	炒锅烧热，炒香肉末、碎米芽菜，炒匀后倒在担担面上，拌匀
1	盛出冰糖马蹄银耳羹，上桌

（3人份）
热量：952千卡

担担面

材料 面条200克，碎米芽菜50克，肉末100克，葱末、姜末各5克

调料 担担面调料1袋

做法

1. 葱、姜均切末，锅中水煮沸，放入面条煮熟。

2. 炒锅烧热，放入适量油，放入肉末炒至变色，加入葱末、姜末翻炒，再放入碎米芽菜翻炒均匀，盛出备用。

3. 面条盛入碗中，倒入担担面调料，再把炒好的碎米芽菜放在面条上，拌匀即可。

（3人份）
热量：129千卡

冰镇马蹄银耳羹

材料 干银耳1朵，马蹄10个，干莲子20颗，枸杞30颗，冰糖20克，清水1500毫升

做法

1. 将银耳放入大碗，倒入冷水浸泡1小时后剪成小块。枸杞用冷水浸泡，马蹄去皮洗净，切粒。

2. 锅中加入清水，放入干莲子，银耳碎，马蹄粒，大火煮开后，调成小火，半盖盖子，炖煮40分钟。

3. 将枸杞倒入，继续炖5分钟，调入冰糖，搅拌至溶化即可。夏季冷藏后食用，口味更好。

周四早餐

花菇肉片汤+罗汉素烩饭

全家人所需能量盘点

这套早餐包含多种菌菇类食物，菌菇不仅有着独特的香味和美味、口感爽滑，而且还是低热量高纤维的食品。而花菇肉片汤中的瘦肉又能为身体提供必要的蛋白质。烩饭中的魔芋含有的铬能延缓葡萄糖的吸收，有效降低餐后血糖，从而减轻胰脏的负担，可预防和防治糖尿病。

需准备的食材

胡萝卜、香菇各20克，笋片、毛豆、西蓝花各20克，黄花菜30克，金针菇、嫩丝瓜各100克，猪里脊肉20克，骨鲜汤300毫升，豆腐皮2张，魔芋半块。

头天晚上需要做好的工作

黄花菜、金针菇分别去蒂，择洗干净，覆膜冷藏；猪里脊肉从冷冻室取出，切成薄片，覆膜冷藏。香菇、毛豆、胡萝卜、西蓝花、笋片洗净，均放入冰箱覆膜冷藏。

省时小窍门 （用时共计11分钟）

时间（分钟）	制作过程
5	烧沸一锅水，分别汆烫黄花菜、金针菇、香菇、魔芋、毛豆、豆腐皮、笋片、胡萝卜、西蓝花
3	另用一锅做花菇肉片汤
3	炒锅入油烧热，做罗汉素烩饭

花菇肉片汤

（2人份）
热量：588千卡

材料 黄花菜30克，金针菇、嫩丝瓜各100克，猪里脊肉20克，骨鲜汤300毫升，姜片、蒜片各5克

调料 料酒、水淀粉各2茶匙，盐、香油各1茶匙，味精1/4茶匙

做法

1.猪里脊肉切丝，用少许盐和水淀粉码味，拌匀上浆。

2.嫩丝瓜去皮、洗净，斜刀切成长片。

3.将炒锅置旺火上，加油至五六成热，爆香姜片、蒜片，加骨鲜汤，烧沸后加黄花菜段，金针菇煮沸5分钟后加丝瓜片煮熟，下盐、味精和香油调味即可。

罗汉素烩饭

（3人份）
热量：474千卡

材料 热米饭250克，香菇3朵，毛豆20克，豆腐皮2张，魔芋半块，胡萝卜、西蓝花、笋片各20克

调料 盐1茶匙，鸡精1/2茶匙，水淀粉1汤匙，素高汤适量

做法

1.香菇泡软，去蒂切块；豆腐皮用热水泡软，切段；西蓝花洗净，切成小朵；魔芋洗净切片；胡萝卜去皮切片。

2.油锅烧热，放香菇块爆炒，然后依次放毛豆、魔芋、西蓝花、胡萝卜、豆腐皮、笋片翻炒，加素高汤，煮开后继续煮约5分钟与米饭拌炒，加入盐、鸡精调味即可。

周五早餐

红薯小窝头+南瓜百合粥+鲜虾蛋沙拉

全家人所需能量盘点

这套早餐营养搭配非常全面合理，既有粗粮又有富含优质蛋白质的虾和鸡蛋，红薯小窝头和鲜虾沙拉蛋口味独特，更能提供一上午所需的能量。

需准备的食材

红薯300克，胡萝卜100克，藕粉50克，大米100克，南瓜50克，百合20克，枸杞10粒，鲜虾200克，熟鸡蛋1个。

头天晚上需要做好的工作

红薯小窝头。红薯、胡萝卜洗净后蒸熟，取出晾凉后剥皮，挤压成细泥；加藕粉和白糖拌匀，再切成小团，揉成小窝头；大火蒸约10分钟后取出，装盘；取3个红薯小窝头，覆膜冷藏；其他的小窝头一起放置冷藏。鸡蛋可与小窝头一起蒸熟。

南瓜百合粥。将大米淘洗干净后倒入电饭锅中，加入三碗清水，盖上锅盖，接通电源，选择"煮粥"选项后按下"定时"键，在按下电饭锅"预约"键后设定好开始煮粥的时间，这个时间最好是第二天早餐开饭的前1小时。南瓜去皮、籽，洗净切块，覆膜冷藏；百合去皮，洗净切瓣，覆膜冷藏；枸杞洗净，覆膜冷藏。

省时小窍门（用时共计10分钟）

时间（分钟）	制作过程
3	把南瓜块放入粥锅中煮；另一锅煮水，准备汆烫虾仁
2	汆烫虾仁；把百合放入粥中烫熟
2	用微波炉加热红薯小窝头；鸡蛋剥开，切粒
3	拌好沙拉；南瓜百合粥出锅

红薯小窝头

（3人份）
热量：203千卡

材料 红薯300克，胡萝卜100克，藕粉50克

调料 白糖适量

做法

1.红薯、胡萝卜洗净后蒸熟，取出晾凉后剥皮，挤压成细泥。

2.加藕粉和白糖拌匀，再切成小团，揉成小窝头。

3.窝头放入锅中，大火蒸10分钟。

（3人份）
热量：465千卡

南瓜百合粥

材料 大米100克，南瓜50克，百合20克，枸杞10粒

调料 白糖1茶匙（可不加）

做法

1.大米洗净，放入沸水中再次煮沸。

2.南瓜洗净、切块，下入粥中，转小火煮约30分钟。

3.下入百合、枸杞、白糖，煮至汤汁黏稠即可。

鲜虾蛋沙拉

（2人份）
热量：282千卡

材料 鲜虾200克，鸡蛋1个

调料 沙拉酱1汤匙，黑胡椒粉、盐各1/2茶匙

做法

1.鸡蛋煮熟，去壳切成粒；鲜虾洗净，除去外壳和泥肠，用沸水将虾仁焯熟。

2.将虾仁与蛋粒放入盘中，淋上沙拉酱，再撒盐和黑胡椒粉拌匀即可。

周六早餐

雪菜冬笋豆腐汤+腌西蓝花+麻酱饼+胡萝卜猪肝

全家人所需能量盘点

冬笋是一种高蛋白、低淀粉食品，对肥胖症、冠心病、高血压、糖尿病和动脉硬化等患者有一定的食疗作用。它所含的多糖物质，还具有一定的抗癌作用。冬笋雪菜豆腐汤非常清淡，适合秋季食用，能够为家人补充水分，避免秋季患呼吸系统疾病。腌西蓝花维生素含量充足。胡萝卜炒猪肝能为家人补充维生素A，为一周工作和学习对视力的损耗补充营养。

需准备的食材

豆腐250克，雪里蕻1根，猪肉馅50克，冬笋1小块，西蓝花200克，芹菜50克，面粉300克，麻酱20克，发酵粉5克，猪肝300克，胡萝卜150克，青蒜2根，鸡蛋1个。

头天晚上需要做好的工作

猪肉馅放入冷藏室自然解冻。西蓝花参照下页做法，做好放入密封容器保存。胡萝卜洗净，猪肝洗净，放入冰箱冷藏。面粉放入适量水，和成面团，包上保鲜膜放入冰箱。

省时小窍门 （用时共计17分钟）

时间（分钟）	制作过程
1	取出面团；取出腌好的西蓝花装盘上桌
3	小锅中放入适量水，氽烫雪菜、冬笋和豆腐，切好，备用炒锅烧热，做冬笋雪菜豆腐汤
3	胡萝卜切片，猪肝切片，烧热炒锅，炒好出锅
10	面团揉好，抹上麻酱，放入平底锅烙熟，切块装盘

雪菜冬笋豆腐汤

（3人份）
热量：442千卡

材料 豆腐250克，雪里蕻1根，猪肉馅50克，冬笋1小块，姜3片，大蒜1瓣

调料 料酒2茶匙，生抽2茶匙，白胡椒粉1/2茶匙

做法

1.豆腐切小块。雪里蕻切碎，挤干水分备用；冬笋切小块，焯烫后捞出；猪肉馅中淋入料酒、1茶匙生抽，腌制5分钟。

2.锅中倒入油，烧热，倒入猪肉馅，煸炒至变色后放入姜片、蒜片，煸出香味后倒入雪里蕻煸炒，倒入清水，大火煮开，放入豆腐块、冬笋块，中火煮5分钟，最后调入剩下的生抽和白胡椒粉搅匀即可。

腌西蓝花

（2人份）
热量：73千卡

材料 西蓝花200克，芹菜50克，蒜片10克

调料 柠檬汁2茶匙，白葡萄酒1汤匙，盐、白糖各1茶匙，香叶2片

做法

1.将西蓝花掰成小朵，洗净，锅内放水烧开，将西蓝花投入，浸烫约2分钟捞出，放入冷开水中，浸泡过凉；芹菜洗净切段。

2.锅置火上，加适量清水，旺火烧开，下入芹菜段、蒜片、香叶、盐、白糖、白葡萄酒、柠檬汁，煮约10分钟，制成腌菜汁，倒入容器中放凉。

3.将西蓝花放入腌菜汁中，腌渍一夜，隔天早晨即可食用。

麻酱饼

材料 面粉300克

调料 盐、发酵粉、白糖各1茶匙，麻酱2汤匙

做法

1.面粉中加入盐、发酵粉，混合均匀，加入温开水，将面粉揉成面团，饧几分钟；芝麻酱加入糖，用水冲开。

2.用擀面杖把面团擀成均匀的长方形面片，在面片上均匀地涂上芝麻酱。将面片小心地卷起来，卷成长条，将卷好的面条盘起来压成面饼，用擀面杖擀薄。

3.平底锅里刷上一层油，烧热，放入擀好的饼，同时调小火，一边烙好之后再翻面烙另一面。

（3人份）
热量：1050千卡

（3人份）
热量：424千卡

胡萝卜炒猪肝

材料 猪肝300克，胡萝卜150克，青蒜2根，鸡蛋1个

调料 盐1/2茶匙，水淀粉、料酒、酱油各2茶匙

做法

1.胡萝卜洗净切薄片；猪肝洗净切片，加蛋清、水淀粉、盐、料酒、酱油，腌制2分钟；青蒜洗净，切段。

2.油锅烧热，放猪肝，热油中炸一下，捞出。

3.锅留底油，煸炒青蒜段后再放入猪肝片、胡萝卜片炒匀，淋入水淀粉勾芡，炒匀即可。

周日早餐 菜窝头+板栗核桃粥+雪菜炒黄豆+双椒拌海带

全家人所需能量盘点

这套早餐中的菜窝头与粥富含碳水化合物；板栗、雪菜、海带、青椒、红椒、梨等含有丰富的维生素、矿物质与膳食纤维；核桃是补脑的最佳食品，亦是补肾固精、温肺定喘的食疗佳品，对肾虚、尿频、咳嗽等症有很好疗效，适合老年人食用；板栗既可以补脾健胃，又能够补肾强筋，在深秋季节，每天吃几颗栗子，有利于补养元气，强壮肾精。

需准备的食材

玉米面300克，胡萝卜100克，茴香50克，板栗200克，核桃100克，大米100克，生姜10克，黄豆100克，雪菜80克，姜末5克，海带丝50克，青椒、红椒各20克，熟白芝麻10克，梨3个。

头天晚上需要做好的工作

将大米淘洗干净后倒入电饭锅中，加入适量清水，盖上锅盖，接通电源，选择"煮粥"选项后按下"定时"键，在按下电饭锅"预约"键后设定好开始煮粥的时间，这个时间最好是第二天早餐开饭的前1小时。板栗去外壳、内衣，淘洗干净，覆膜冷藏；核桃仁泡水去除外皮，覆膜冷藏；生姜洗净拍破，覆膜冷藏。提前蒸好菜窝头，取出第二天吃的量，放入密封袋中，其余放入冰箱冷冻起来。

省时小窍门（用时共计15分钟）

时间（分钟）	制作过程
5	将板栗、核桃放入煮粥的电饭锅中，继续煮5分钟
3	取一小锅，加入少量水煮沸，汆烫青椒、红椒和海带，捞出后分别切好；再把雪菜汆烫后捞出，挤干水分，切碎
1	将青椒块、红椒块、海带放入盘中加调料拌匀
5	炒锅烧热，炒雪菜黄豆，焖熟即可
1	将菜窝头用微波炉加热，盛出板栗核桃粥上桌

菜窝头

（3人份）
热量：1045千卡

材料 玉米面300克，胡萝卜100克，茴香50克

调料 白糖、盐各1茶匙

做法

1. 胡萝卜洗净，去皮，擦丝；茴香洗净，切碎。

2. 玉米面中加白糖，加250毫升70℃水搅拌成散团状，加入胡萝卜丝、茴香碎、盐，揉成面团，盖湿布饧30分钟。饧好的面团放在案板上揉透后，做成若干个窝头。放入蒸锅，大火蒸15分钟。

板栗核桃粥

（4人份）
热量：1344千卡

材料 板栗200克，核桃、大米各100克

调料 冰糖适量

做法

1. 锅中放适量水煮沸，放入洗净的大米，加水大火煮沸。

2. 放入板栗、核桃，小火继续煮至软烂，加入冰糖再煮5分钟即可。

雪菜炒黄豆

（2人份）热量：376千卡

材料 黄豆100克，雪菜80克，姜末5克

调料 盐、料酒各1茶匙，香油、味精各1/2茶匙

做法

1.雪菜洗净，切粒；用盐水泡软黄豆，晾干备用。

2.炒锅放油烧热，放入姜末，炸出香味，放入雪菜粒翻炒，再放入黄豆、料酒，加一点儿水，加盖小火焖到黄豆熟，放入味精，淋入香油炒匀即可。

双椒拌海带

（2人份）热量：106千卡

材料 海带丝50克，青椒、红椒各20克，熟白芝麻10克，姜末1茶匙

调料 盐、香油各1/2茶匙，酱油、白糖各1茶匙，醋2茶匙

做法

1.海带丝水发好洗净；将青椒、红椒去蒂及籽，洗净，切成块，将以上食材分别放入开水中焯一下，捞出过凉，沥干水分。

2.取一小盘，倒入海带丝，青、红椒块，放入姜末、盐、酱油、醋、白糖、香油搅拌均匀，再盛入盘中，撒入熟白芝麻即可。

冬季养生早餐

冬季养生早餐怎么吃

喝热粥以养胃气

冬季饮食应遵循"秋冬养阴""养肾防寒"的原则，饮食以滋阴潜阳、增加热量为主。冬季早餐宜喝热粥，以养胃气，特别是糯米红枣粥、八宝粥、小米粥等最适宜。还可常食安神养心的桂圆粥、益精养阴的芝麻粥、消食化痰的萝卜粥、养阴固精的胡桃粥、健脾养胃的茯苓粥、益气养阴的大枣粥、润肺生津的银耳粥、清火明目的菊花粥、和胃理肠的鲫鱼粥等。

早餐可增加坚果

坚果类食品是出名的健康食品，它们集中了植物营养的精华。其中富含钾、钙、镁、铁、锌等矿物质，还有极其丰富的维生素E和天然抗氧化成分，以及丰富的B族维生素。其中的膳食纤维也相当丰富，并不逊色于粗粮豆类。人们吃坚果时的顾虑，主要是其中所含有的大量脂肪。大杏仁、榛子等坚果中所含的脂肪酸，是以单不饱和脂肪酸为主的，而它具有升高"好胆固醇"、降低"坏胆固醇"的效果，比豆油、菜籽油等烹调油更有利于心脏健康。专家提示，坚果仁每天吃28克即可，也就是一把的量。可以在头天晚上看电视的时候剥好一小把果仁，或干脆去买一些已经去壳的果仁。

提倡无盐早餐

有专家提出了无盐早餐的观点，原因是国际上每天食用盐的健康用量为5克，而传统的中式一日三餐中，盐的摄入量每天都在10克以上，中式早餐虽然保证了必要的营养成分，但是容易摄取过量的盐分。无盐早餐可以减少当日盐分的摄取量。实践证明，限盐的确有利于早期或轻度高血压患者的恢复。不管预防高血压，还是缓解高血压病情，无盐早餐都是有益的。

一周采买食材清单

一周早餐最佳搭配

周一早餐 鸡丝汤面卧鸡蛋+菠菜拌黑木耳

周二早餐 煎饼果子+胡萝卜牛肉粥+苹果

周三早餐 白萝卜枸杞排骨汤+蒸红薯+凉拌老虎菜

周四早餐 烧饼+姜汁腐竹炖蛋+凉拌胡萝卜丝+牛奶

周五早餐 牛腩汤面+清炒茼蒿

周六早餐 香菇鸡丝面+番茄炒鸡蛋+洋葱牛肉炒饭+香卤猪肚

周日早餐 锅贴+玉米糁粥+金钩芹菜+土豆沙拉+芝麻拌菠菜

一周采买清单

食材类别	食材种类
主食类	烧饼、面粉、大米、馒头、挂面、面条、玉米糁
果蔬类	红薯、木耳、竹笋、胡萝卜、青椒、红椒、苹果、黄瓜、鸡蛋、白萝卜、干黄花菜、芹菜、茼蒿、核桃仁、番茄、果子、菠菜、干腐竹、白果、小油菜、香菇、洋葱、海带、生菜、海米
肉蛋海产品类	排骨、牛肉馅、鸡胸肉、猪肚、猪排骨、猪瘦肉、猪肉馅、牛肉、香卤鸡腿、蒜蓉火腿
其他类	牛奶、蒜、姜、香菜、枸杞、白芝麻、白糖、陈皮、肉豆蔻、小茴香、桂皮、八角、白芷、花椒、丁香、甘草

周一早餐

鸡丝汤面卧鸡蛋+菠菜拌黑木耳

全家人所需能量盘点

这套早餐中的鸡丝汤面卧鸡蛋富含蛋白质和碳水化合物，既好吃又能补充人体代谢所需的基本能量，冬季的早晨吃上一碗，能预防严寒。黑木耳和菠菜搭配，口感清香，又能为身体补充维生素和矿物质。

需准备的食材

鸡腿1只，挂面150克，鸡蛋2个，菠菜200克，黑木耳5朵。

头天晚上需要做好的工作

鸡腿肉去骨，覆膜冷藏。菠菜择洗干净，沥干后放入冰箱；黑木耳泡发好，冲洗干净，放入冰箱冷藏。

省时小窍门 （用时共计11分钟）

时间（分钟）	制作过程
1	取出鸡腿肉，切丝，加生抽、料酒腌制5分钟
2	取一小锅，加入适量水大火煮沸，汆烫菠菜、黑木耳，取出后冲洗，菠菜挤干水分，切段；黑木耳切丝
2	菠菜段、黑木耳丝放入盘中加调料拌匀
3	汆烫菠菜的水继续煮沸，放入挂面煮熟，盛入碗中
3	炒锅烧热，炒香鸡丝，放入水、调料，打入鸡蛋，煮熟后倒入面碗中

（2人份）
热量：857千卡

鸡丝汤面卧鸡蛋

材料 挂面150克，鸡腿1只，鸡蛋2个，姜丝20克

调料 香油1汤匙，生抽、料酒各1茶匙，盐1/2茶匙

做法

1.鸡腿肉切丝加入料酒、生抽腌制5分钟。将香油倒入炒锅中烧热，放入姜丝、鸡腿肉丝以中火炒约5分钟。

2.汤锅中加水煮沸，打入鸡蛋，下入面条，以小火煮约10分钟后倒入碗中，加入炒好的鸡丝即可。

（2人份）
热量：68千卡

菠菜拌黑木耳

材料 菠菜200克，黑木耳5朵，姜末1茶匙

调料 盐、香油各1茶匙，醋2茶匙

做法

1.菠菜洗净切段；黑木耳泡好洗净，切丝；胡萝卜洗净，切丝。

2.锅中放入适量水煮沸，加1/2茶匙盐，分别汆烫菠菜段、黑木耳丝、胡萝卜丝，捞出冲水沥干。

3.将菠菜段、黑木耳丝、胡萝卜丝放入盘中，加姜末、盐、醋、香油拌匀即成。

周二早餐

煎饼果子+胡萝卜牛肉粥+苹果（购买）

全家人所需能量盘点

早晨的餐桌上，粥和饼是天生一对，无论是口感还是营养上都可以起到互补和促进的作用。家庭制作的煎饼更加卫生，更加实惠；牛肉的热量比其他畜肉要高，寒冬经常食用可益气补虚，促进血液循环，增强御寒能力，提高身体免疫力，远离感冒和其他呼吸系统疾病。

需准备的食材

面粉200克，鸡蛋2个，火腿肠2根，生菜、黄瓜各适量，胡萝卜100克，牛肉馅50克，大米150克，姜10克，苹果2个。

头天晚上需要做好的工作

将大米淘洗干净后倒入电饭锅中，加入适量清水，盖上锅盖，接通电源，选择"煮粥"选项后按下"定时"键，在按下电饭锅"预约"键后设定好开始煮粥的时间，这个时间最好是第二天早餐开饭的前1小时。从冷冻室取出适量牛肉馅，转移到冷藏室；姜切末，覆膜冷藏。

省时小窍门 （用时共计10分钟）

时间（分钟）	制作过程
2	起油锅炒牛肉馅与胡萝卜丁，倒入正在熬煮的粥中。继续煮5分钟
3	调好面糊，烧热平底锅
2	把面糊舀入平底锅，摊成饼，两面煎熟
2	火腿肠切片，黄瓜切片，将火腿片、黄瓜片与生菜一起放入饼中卷起即可
1	胡萝卜牛肉粥搅拌均匀，盛出

煎饼果子

（3人份）
热量：1142千卡

材料 面粉200克，鸡蛋2个，火腿肠2根，葱丝、生菜、黄瓜各适量

调料 甜面酱、黑芝麻各1汤匙，盐、五香粉各1茶匙

做法

1.将盐、五香粉和黑芝麻放进面粉中调成稠而匀的面糊，火腿肠切成片。

2.平底锅烧热后抹一层油，油温热后，舀一勺面糊倒进锅里，迅速将面糊用勺子摊薄，待表面的面液凝固后，翻面，将一个鸡蛋打在饼上，并迅速将鸡蛋摊匀，抹在饼皮上，待其凝固。

3.蛋液基本凝固后，再翻面，均匀地抹上一层甜面酱。把切好的火腿肠片放进饼皮中间，量可以根据个人口味定，放一点儿黄瓜片、生菜、葱丝。从一头卷起，卷紧即可。

（2人份）
热量：591千卡

胡萝卜牛肉粥

材料 胡萝卜100克，牛肉馅50克，大米150克，姜10克

调料 料酒、盐各适量，胡椒粉1/2茶匙

做法

1.胡萝卜洗净切丁，姜切末。

2.炒锅放油烧热，把牛肉馅炒至变色，放入姜末和料酒；再放入胡萝卜丁炒软。

3.将炒好的牛肉馅、胡萝卜丁放入煮好的白粥锅中，再煮2分钟，最后用盐和胡椒粉调味即可。

周三早餐

白萝卜枸杞排骨汤+蒸红薯+凉拌老虎菜

全家人所需能量盘点

这套早餐中的排骨中富含优质蛋白质，排骨还能为身体提供钙质；枸杞适合冬季进食，可起到益气助阳、滋阴补肾的作用。白萝卜在中国民间有"小人参"之美称，它含有丰富的碳水化合物和多种维生素，其中维生素C的含量比梨高8~10倍，能对抗自由基，让身体更有活力；黄瓜、尖椒中富含维生素、矿物质和膳食纤维。红薯中β–胡萝卜素(维生素A前体)、维生素C和叶酸的含量都非常丰富，具有显著的抗癌能力和预防动脉粥样硬化、心血管疾病的功效。

需准备的食材

白萝卜50克，排骨100克，枸杞5粒，黄瓜2根，青椒3个，香菜3棵，红薯300克。

头天晚上需要做好的工作

把排骨从冷冻室取出解冻，姜切片，放入电高压锅中，放入盐、料酒、姜片，定时20分钟。红薯洗净，放入蒸锅中蒸30分钟后晾凉，放入保鲜袋中。

省时小窍门 （用时共计8分钟）

时间（分钟）	制作过程
2	白萝卜洗净，切块，放入电高压锅中，继续煮5分钟
2	红薯取出，放入微波炉加热2分钟
3	青椒、黄瓜、香菜、葱白洗净，分别切好，放入盘中加盐、香油拌匀
1	白萝卜煮软，加盐、香油调味，盛出

白萝卜枸杞排骨汤

材料 白萝卜50克，排骨100克，枸杞5粒，姜片5克

调料 盐、料酒各1茶匙，香油1/2茶匙

做法

*1.*排骨剁成小块，冷水入锅煮沸，捞出；白萝卜洗净，切块。

*2.*锅中加入适量水，放入排骨块，大火煮沸，再放入枸杞、姜片、料酒，下火煮1小时，放入白萝卜块煮至熟软，加盐、香油调味即可。

（2人份）
热量：309千卡

（3人份）
热量：297千卡

蒸红薯

材料 红薯300克

做法

把红薯洗净，放入蒸锅蒸20～30分钟，熄火后闷10分钟即可食用。

凉拌老虎菜

材料 黄瓜2根，青椒3个，香菜3棵，葱白10克

调料 盐1茶匙，香油1/2茶匙

做法

*1.*黄瓜切丝；青椒切丝；香菜切段；葱白切丝。

*2.*将黄瓜丝、青椒丝、香菜段、葱白丝盛入盘中，加入盐和香油，拌匀即可。

周四早餐 烧饼（购买）+姜汁腐竹炖蛋+凉拌胡萝卜丝+牛奶（购买）

全家人所需能量盘点

腐竹中含有丰富蛋白质，营养价值较高；其含有的卵磷脂可除掉附在血管壁上的胆固醇，还可防止血管硬化，预防心血管疾病，保护心脏；腐竹含有多种矿物质，可补充钙质，防止因缺钙引起的骨质疏松，能促进骨骼发育，对小儿、老人的骨骼生长极为有利；腐竹还含有丰富的铁，而且易被人体吸收，对缺铁性贫血有一定疗效。一碗热滚滚的姜汁腐竹炖蛋，能满足全家人一个上午所需的热量消耗和营养需求。胡萝卜和芹菜的爽口、怡人，更能为家人提供丰富的维生素和矿物质。

需准备的食材

干腐竹50克，熟鸡蛋4个，鲜白果10枚，胡萝卜2根，香菜10克，芹菜50克，烧饼3个，牛奶2袋。

头天晚上需要做好的工作

干腐竹用温水浸泡，鸡蛋煮熟。胡萝卜、香菜、芹菜分别洗净，沥干后覆膜冷藏。

省时小窍门 （用时共计10分钟）

时间（分钟）	制作过程
2	切好姜片，把腐竹、鸡蛋、白果放入炖盅，放在蒸笼上大火蒸5分钟
2	取一小锅，放入适量水煮沸；胡萝卜、芹菜均切丝，焯熟，香菜切碎
2	把胡萝卜丝、芹菜丝、香菜碎放入盘中加入调料拌匀
2	5分钟后蒸锅熄火，姜汁腐竹炖蛋取出，上桌
2	将烧饼、牛奶放微波炉内加热

（2人份）
热量：601千卡

姜汁腐竹炖蛋

材料 干腐竹50克，老姜4片，鲜白果10枚，熟鸡蛋4个

调料 冰糖15克

做法

1. 干腐竹掰成小段放入大炖盅，注入开水，放入老姜4片、冰糖、去皮鲜白果和剥皮熟鸡蛋。

2. 将大炖盅加盖放入蒸锅，隔水炖15分钟。

（2人份）
热量：35千卡

凉拌胡萝卜丝

材料 胡萝卜2根，香菜10克，芹菜50克

调料 盐、白糖各1茶匙，醋、花椒油各2茶匙，香油1/2茶匙

做法

1. 胡萝卜切丝后撒1/2茶匙盐，抓拌均匀腌渍5分钟，冲净后，挤去水分，放入盘中。

2. 香菜洗净，切碎，芹菜切丝焯熟，放在胡萝卜丝上。

3. 将花椒油、盐、白糖、醋、香油倒在盘中，调拌均匀即成。

周五早餐

牛腩汤面+清炒茼蒿

全家人所需能量盘点

牛肉含有丰富的蛋白质，氨基酸组成比猪肉更接近人体需要，能提高机体抗病能力，寒冬食牛肉，有暖胃作用，为寒冬补益佳品。搭配含碳水化合物丰富的挂面，能够为家人补充充足的热量和体能，更好地迎接工作和学习的挑战。冬季的早餐也不要忘记吃一盘清淡的蔬菜，茼蒿中含有特殊香味的挥发油，可消食开胃；其含有丰富的维生素、胡萝卜素及多种氨基酸，可以养心安神、降压补脑，防止记忆力减退。

需准备的食材

牛腩200克，小油菜50克，细挂面150克，茼蒿250克，葱、姜、蒜各适量。

头天晚上需要做好的工作

锅中加入适量水煮沸，放入牛腩，水开后撇去浮沫，慢火炖30分钟后，将牛腩取出，晾凉，放入冰箱冷藏。小油菜、茼蒿分别处理好，洗净，沥干，放入冰箱。

省时小窍门 （用时共计9分钟）

时间（分钟）	制作过程
2	牛腩取出，切丁；油菜、茼蒿均切段，蒜切碎
2	炒锅烧热，放入少许油，炒香牛腩，加水，大火煮沸，下入挂面，盖盖煮
2	另取一炒锅，烧热，大火快炒茼蒿，加入蒜末、盐，出锅
3	挂面煮软，放入油菜，放入调料拌匀，盛出

牛腩汤面

（2人份）
热量：737千卡

材料 牛腩200克，小油菜50克，细挂面100克，姜末5克

调料 料酒、酱油各1汤匙，盐1茶匙，香油1/2茶匙

做法

1.牛腩切成小丁；小油菜洗净后，切成小段。

2.起油锅烧热后，下入姜末爆香，加入牛腩丁，倒入料酒、酱油翻炒，加水用大火煮沸，下入挂面，煮开后放入油菜段，略煮，搅拌几下，加盐调味即可。

（3人份）
热量：52千卡

清炒茼蒿

材料 茼蒿250克，葱、姜、蒜各5克

调料 盐1茶匙

做法

1.茼蒿切段，葱、姜、蒜均切末；起油锅，放入葱末、姜末、蒜末煸炒一下，倒入茼蒿，大火翻炒。

2.茼蒿在锅里炒软后，加点儿盐，翻炒出水即可。

周六早餐

香菇鸡丝面+番茄炒鸡蛋+洋葱牛肉炒饭+香卤猪肚

全家人所需能量盘点

寒冷的冬季需要补充大量热量，早餐最好有一道热乎乎的汤面或粥羹，搭配鸡蛋、牛肉、猪肚等富含蛋白质的食物，这样就能够为家人提供一个上午所需要的能量。番茄炒鸡蛋中的维生素含量丰富，能够补充水分。这套早餐营养非常充足，色香味俱全，一定会深得全家人的青睐。

需准备的食材

面条150克，鸡脯肉150克，香菇50克，葱5克；竹笋30克，番茄2个，鸡蛋2个；洋葱1个，牛肉150克，米饭150克，姜末5克；猪肚300克，姜、陈皮、肉豆蔻、小茴香、桂皮、八角、白芷、花椒、丁香、甘草各5克。

头天晚上需要做好的工作

干香菇用温水浸软，洗净，沥干；鸡脯肉洗净，切丝，覆膜冷藏。番茄洗净，覆膜放入冰箱。参照220页香卤猪肚做法，做好猪肚，放入密封容器中保存。米饭放入密封容器中保存；牛肉切丁，用保鲜膜包好。

省时小窍门（用时共计14分钟）

时间（分钟）	制作过程
1	取出猪肚，切片，装盘，上桌
2	鸡丝用酱油、料酒腌制；香菇、竹笋分别切丝；洋葱切丝
3	炒锅放油烧热，放入鸡丝、香菇丝、竹笋丝翻炒，倒入适量水大火煮沸，下入面条中火煮
3	番茄切块，鸡蛋打散，炒好番茄鸡蛋
3	炒锅烧热，放入牛肉丁、洋葱丝、米饭，炒好盛出
2	锅中面条煮熟，加盐、香油调味，熄火，盛出

香菇鸡丝面

（2人份）
热量：359千卡

材料 面条150克，鸡脯肉150克，香菇50克，葱5克，竹笋30克

调料 酱油1茶匙，盐1/2茶匙

做法

1. 将鸡脯肉、葱、竹笋洗净，香菇用水泡软，将鸡脯肉、竹笋、香菇切成丝；葱切碎备用。

2. 将油烧热，加入葱花、鸡脯肉丝、香菇丝爆香；加入笋丝轻炒数下，再倒入酱油炒入味。

3. 锅中加水煮沸后，把面条放入锅中，煮熟后再加入盐调味即可。

（2人份）
热量：189千卡

番茄炒鸡蛋

材料 番茄2个，鸡蛋2个，葱花5克

调料 盐、白糖各1/2茶匙，鸡精1/4茶匙

做法

1. 番茄洗净切块；鸡蛋在碗中打散。

2. 起油锅加热至六七成热的时候倒进蛋液，用铲子翻炒，出锅盛盘。

3. 起油锅，放入番茄翻炒，加盐、白糖、鸡精，炒匀；鸡蛋倒入锅内，与番茄一起翻炒均匀，撒入葱花即可出锅。

洋葱牛肉炒饭

（3人份）
热量：333千卡

材料 洋葱1个，牛肉150克，米饭150克，姜末5克

调料 生抽、料酒各2茶匙，盐1/2茶匙

做法

1.洋葱去硬皮，洗净，切丝；牛肉切丁，放入生抽、料酒腌渍5分钟。

2.炒锅烧热，爆香姜末，倒入牛肉丁炒至变色，盛出。

3.炒锅留底油，放入洋葱丝炒出香味，放入米饭、盐翻炒，再倒入炒好的牛肉，翻炒均匀即可。

（3人份）
热量：267千卡

香卤猪肚

材料 猪肚500克；卤料：姜、陈皮、肉豆蔻、小茴香、桂皮、八角、白芷、花椒、丁香、甘草各5克

调料 老抽、糖、盐各1/2茶匙，生抽、料酒各2茶匙

做法

1.把猪肚翻面，用面粉反复搓揉，用热水冲洗干净，再放入冷水锅中煮沸后捞出，用清水冲净。

2.把各种卤料包成卤料包，锅内放水烧开，放入全部调味料和卤料包，用大火烧开。

3.把猪肚放入烧开的卤水锅中，烧滚后转小火，煮30分钟左右；关火后闷几小时以入味。吃时切片或切条。

周日早餐 锅贴+玉米糁粥+金钩芹菜+土豆沙拉+芝麻拌菠菜

全家人所需能量盘点

锅贴的美味相信没有人能拒绝，锅贴和粥也是一个经典组合。玉米所含的营养物质有增强人体新陈代谢、调整神经系统的功能，有使皮肤细嫩光滑，抑制、延缓皱纹产生的作用。玉米还有调中开胃及降血脂、降低血清胆固醇的功效。芹菜、海带、海米等更是富含维生素和矿物质，这套早餐能为家人补充一周的体能消耗，更好地迎接新的一周的开始。

需准备的食材

面粉400克，猪肉馅250克，海米25克，芹菜200克，水发海带50克，熟火腿25克，大米100克，新鲜鱼肉100克，干香菇3朵，葱末、姜末适量。

头天晚上需要做好的工作

参照222页锅贴做法，把锅贴包好，放入冰箱冷冻室保存。芹菜、菠菜分别洗净，放入冰箱冷藏。

省时小窍门 （用时共计12分钟）

时间（分钟）	制作过程
3	平底锅烧热，放入锅贴，中火加热
2	玉米糁洗净，放入粥锅，加适量水大火煮沸
2	锅贴煎至两面金黄，装盘上桌
3	另取一小锅，放入适量水，煮沸，分别汆烫芹菜、菠菜、海带
2	金钩芹菜拌好，芝麻菠菜拌好上桌

锅贴

（5人份）
热量：2350千卡

材料 面粉400克，猪肉馅250克，葱末、姜末各5克

调料 盐1茶匙，料酒2茶匙，酱油3茶匙

做法

1. 猪肉馅加盐、酱油、葱末、姜末和少许清水，搅拌均匀成肉馅。

2. 把面粉加入温水和成面团，揉透揉匀，分成小剂子，擀成圆形薄面皮；把肉馅放在面片上，像捏饺子一样捏好，只是两头不捏上。

3. 平底锅烧热，在锅底抹一层油，将锅贴摆入平底锅，盖上锅盖煎片刻，待面皮将熟时加少许凉水，再盖上锅盖，均匀煎至底部焦黄即可。

金钩芹菜

（3人份）
热量：140千卡

材料 海米25克，芹菜150克，水发海带50克，熟火腿25克

调料 盐、白糖、香油、料酒、味精各1茶匙

做法

1. 将海米用温水泡发；芹菜去老叶，洗净，切成长段；水发海带洗净，切丝；熟火腿切细丝。

2. 锅内放适量水和1/2茶匙盐，用旺火烧沸，分别汆烫芹菜段、海带丝。

3. 将芹菜段、火腿丝、海带丝、海米装盘，放入盐、白糖、料酒、香油、味精拌匀即可。

（2人份）
热量：95千卡

芝麻拌菠菜

材料 菠菜100克，鸡汤10毫升，白芝麻10克

调料 酱油1茶匙

做法

1.锅中放适量水烧热，加1茶匙盐煮沸；菠菜洗净，切段，放入锅中氽烫一下取出，过水沥干。

2.将菠菜拌入鸡汤和酱油，撒上白芝麻，拌匀即可。

（2人份）
热量：349千卡

玉米糁粥

材料 玉米糁100克

调料 白糖15克

做法

1.玉米糁洗净，放入锅中加适量水煮沸，再用小火熬煮20分钟。

2.吃时可加白糖调味。

生滚鱼片粥

（2人份）
热量：349千卡

材料 大米 100克，新鲜鱼肉100克，干香菇3朵，芹菜50克，姜丝1/2汤匙（3克）

调料 盐1茶匙，香油1茶匙

做法

1. 干香菇用温水泡软后洗净，去蒂切细丝。芹菜去叶，洗净切碎。草鱼肉片成薄片。姜去皮洗净后切丝。

2. 大米淘洗干净。锅中加入1500毫升清水，用大火烧开后，倒入大米，沸腾后改用小火熬至软烂。之后改大火，放入鱼片、香菇丝和姜丝滚煮4分钟关火。

3. 加入芹菜碎、盐和香油调味即可。